职业教育虚拟现实应用技术专业系列教材

虚拟现实技术概论

主　编　何志红　孙会龙

副主编　刘　贞　包秀莉　徐德会　王　哲

参　编　周诗玲　唐偲祺　叶　杨　郭奥博　尹敬齐

机 械 工 业 出 版 社

本书实例丰富、条理清晰、繁简得当、语言流畅、通俗易懂。全书共7章，主要内容包括虚拟现实概述、虚拟现实产品介绍、虚拟现实的关键技术、虚拟现实在各领域的应用、增强现实概述、混合现实概述和虚拟现实应用。

本书可作为各类职业院校虚拟现实应用技术及相关专业的教材，也可作为相关从业人员的自学参考书。

本书配有电子课件，方便教师授课和学生学习。选用本书作为教材的教师可登录机械工业出版社教育服务网（www.cmpedu.com）以教师身份免费注册、下载或联系编辑（010-88379194）咨询。本书还配有二维码视频，读者可直接扫描二维码观看。

图书在版编目（CIP）数据

虚拟现实技术概论/何志红，孙会龙主编. —北京：机械工业出版社，2019.11（2024.1重印）
职业教育虚拟现实应用技术专业系列教材
ISBN 978-7-111-63696-0

Ⅰ. ①虚… Ⅱ. ①何… ②孙… Ⅲ. ①虚拟现实—高等职业教育—教材
Ⅳ. ①TP391.98

中国版本图书馆CIP数据核字（2019）第196183号

机械工业出版社（北京市百万庄大街22号　邮政编码100037）
策划编辑：李绍坤　　　责任编辑：李绍坤
责任校对：马立婷　　　封面设计：鞠　杨
版式设计：鞠　杨　　　责任印制：郜　敏
中煤（北京）印务有限公司印刷

2024年1月第1版第10次印刷
184mm×260mm · 12.25印张 · 298千字
标准书号：ISBN 978-7-111-63696-0
定价：39.00元

电话服务　　　　　　　网络服务
客服电话：010-88361066　机　工　官　网：www.cmpbook.com
　　　　　010-88379833　机　工　官　博：weibo.com/cmp1952
　　　　　010-68326294　金　书　网：www.golden-book.com
封底无防伪标均为盗版　机工教育服务网：www.cmpedu.com

前言

　　随着虚拟现实技术在《中国制造2025》重点领域技术路线图重大政策文件中被列为智能制造核心信息设备领域的关键技术后，近几年，虚拟现实技术得到了业界的广泛关注。多个部委和各级地方政府纷纷出台相关文件推进虚拟现实产业发展。目前，虚拟现实技术不断创新，呈现出资本市场大量涌入、应用产品层出不穷的态势。

　　本书主要讲述虚拟现实、增强现实和混合现实技术相关专业理论知识，使读者了解和具备虚拟现实项目软硬件平台设备搭建和设备调试等能力，为培养从事虚拟现实、增强现实项目设计、开发、调试等工作的高素质技术人才打下良好的基础。

　　本书从实用的角度出发，从实际教学中精选案例。本书以前沿技术——虚拟现实技术来展开，不仅讲述技术概论，在强化操作技能的基础上详细介绍了校企合作共建的虚拟现实实训中心的各个实训项目功能模块以及综合开发实例。使学生不但能够全面理解虚拟现实相关的理论知识，而且能够在实践中掌握虚拟现实各设备的操作流程和开发方法以及虚拟现实头盔、混合现实设备、全息投影、洞穴虚拟现实设备等的操作技能。本书通俗易懂、实用性强，内容体系主要分为：理论基础部分（虚拟现实发展史、研究现状、概念、特征和分类，虚拟现实软硬件设备，虚拟现实关键技术，虚拟现实在各领域的应用，增强现实、混合现实的概念、特征、关键技术、应用以及区别和联系）和实践操作部分（计算机配置要求及HTC VIVE的安装与使用，虚拟现实、增强现实、混合现实各设备的操作原理和流程，混合现实视频的制作等）。

　　本书共7章，第1章是虚拟现实概述，主要介绍虚拟现实的发展史、虚拟现实的概念和特征、虚拟现实系统的分类、虚拟现实技术的研究状况；第2章是虚拟现实典型产品，主要介绍虚拟现实硬件外设、虚拟现实主要产品以及虚拟现实的APP；第3章是虚拟现实关键技术，主要介绍立体显示技术、环境建模技术、三维虚拟声音的实现技术、人机自然交互技术、实时碰撞检测技术；第4章是虚拟现实应用，主要介绍了虚拟现实在医疗健康领域、旅游行业、房地产开发行业、游戏、影音媒体、购物、教育、制造业、能源仿真、文物保护、城市规划、军事安全防护领域的应用；第5章是增强现实概述，主要介绍增强现实的定义、发展历史、工作原理、研究现状、增强现实和虚拟现实的区别及联系、增强现实系统的关键技术、增强现实的应用领域；第6章是混合现实概述，主要介绍混合现实的概念和特点、混合现实与虚拟现实的关系、混合现实交互技术；第7章是虚拟现实项目实训，主要介绍计算机配置要求、HTC VIVE的安装与使用、虚拟驾驶、MR项目、跑步机、虚拟骑行、步行VR、多人追踪VR、360°全息、3D扫描仪、无人机、眼动仪、地面互动、洞穴虚拟现实系统的简介以及操作流程。

　　本书由重庆房地产职业学院何志红、孙会龙担任主编，刘贞、包秀莉、徐德会、王哲担任副主编，周诗玲、唐偲祺、叶杨、郭奥博和尹敬齐参加编写。具体编写分工为：第1章和第2章由何志红编写；第3章和第4章由孙会龙、刘贞编写；第5章～第7章由包秀莉、徐德会、王哲、周

诗玲、唐偲祺、叶杨、郭奥博和尹敬齐共同编写。全书由何志红负责统稿。

本书在编写过程中得到重庆市教育委员会科学技术研究项目（基于BIM技术的装配式建筑虚拟现实应用与实现，KJZD-K201805201）资助，同时得到很多老师的大力支持，并参考了大量资料，在此对相关人员表示衷心的感谢。

由于编者水平有限，书中难免有不当之处，敬请读者批评指正。

编　者

二维码索引

序号	任 务 名 称	图 形	页码	序号	任 务 名 称	图 形	页码
1	第1章 虚拟现实概述		1	6	第6章 混合现实概述		122
2	第2章 虚拟现实典型产品		11	7	第7章 HTC VIVE安装与使用操作		133
3	第3章 虚拟现实关键技术		38	8	第7章 混合现实操作		147
4	第4章 虚拟现实应用		92	9	第7章 眼动仪操作		176
5	第5章 增强现实概述		109				

目录

第1章 虚拟现实概述

本章介绍

虚拟现实技术从 20 世纪 60 年代萌芽发展至今，技术越发成熟，应用范围越发广泛。本章主要围绕虚拟现实技术发展的历史、概念、特征、系统分类以及国内外发展状况进行介绍，使读者尽快熟悉虚拟现实技术。

学习目标

- 掌握虚拟现实的概念、特征和发展历史。
- 熟悉虚拟现实系统的四种不同类型。
- 了解国内外虚拟现实技术的发展概况。

扫码观看视频

1.1 虚拟现实的发展史

虚拟现实（Virtual Reality，VR）技术演变发展史大体上可以分为四个阶段：第一阶段：1963 年以前，蕴涵虚拟现实技术思想；第二阶段：1963 ～ 1972 年，虚拟现实技术的萌芽阶段；第三阶段：1973 ～ 1989 年，虚拟现实技术概念和理论产生的初步阶段；第四阶段：1990 年至今，虚拟现实技术理论的完善和应用阶段。

1.1.1 虚拟现实的前身

虚拟现实技术是对生物在自然环境中的感官和动作等行为的一种模拟交互技术，它与仿真技术的发展是息息相关的。中国古代战国时期的"风筝"就是模拟飞行动物和人之间互动的大自然场景，风筝的拟声、拟真、互动的行为是仿真技术在中国的早期应用，它也是中国古代人们试验飞行器模型的最早发明。西方发明家利用风筝的飞行原理发明了飞机，美国发明家 Edwin A. Link 发明了飞行模拟器，使操作者能有乘坐真正飞机的感觉。1962 年，Morton Heilig 发明了"全传感仿真器"，蕴涵了虚拟现实技术的思想理论。这 3 个较典型的发明都蕴涵了虚拟现实技术的思想，是虚拟现实技术的前身。

1.1.2 虚拟现实的萌芽

1968 年美国计算机图形学之父伊凡·苏泽兰（Ivan Sutherlan）开发的第一个计算机图形驱动的头盔显示器 HMD 及头部位置跟踪系统，是虚拟现实技术发展史上一个重要的里程碑。此阶段也是虚拟现实技术的探索阶段，为虚拟现实技术的基本思想产生和理论发展奠定了基础。

1.1.3 虚拟现实概念和理论的初步形成

虚拟现实概念和理论产生的初步阶段。出现了 VIDEOPLACE 与 VIEW 两个比较典型的虚拟现实系统。由 M.W.Krueger 设计的 VIDEOPLACE 系统，产生一个虚拟图形环境，使参与者的图像投影能实时地响应参与者的活动。由 M.MGreevy 领导完成的 VIEW 系统，在装备了数据手套和头部跟踪器后，通过语言、手势等交互方式形成虚拟现实系统。

1.1.4 虚拟现实理论的完善和全面应用

虚拟现实概念并不新鲜，其成型技术和产品起源的时间与数字游戏相当，最早始于 20 世纪 60 年代。在这一时期，虚拟现实技术从研究型阶段转向为应用型阶段，广泛运用到了科研、航空、医学、军事等领域。

虚拟现实技术的应用领域逐渐扩大，如美军开发的空军任务支援系统与海军特种作战部队计划和演习系统，虚拟的军事演习也能达到真实军事演习的效果；浙江大学开发的虚拟故宫、虚拟建筑环境系统和 CAD&CG 国家重点实验室开发出的桌面虚拟建筑环境实时漫游系统；北京航空航天大学虚拟现实与可视化新技术研究室开发的虚拟环境系统。近年来，随着技术的不断升级与成本的不断下降，软硬件生态环境日趋成熟，至 2015 年，VR 进入了新一轮的快车道。不少厂商重新燃起了对 VR 的兴趣，竞相发布各类产品或公布即将推出的相应产品。这一活跃氛围也带动着国内中小厂商同时跟进，进而形成了火热的 VR 产业。2016 年被称为虚拟现实元年，VR 呈现爆发式增长，当时人们预测 VR 市场规模 3 年内将超过 159 亿美元。VR 的基本现状是投资狂热、大厂云集、终端剧增。

1.2 虚拟现实的概念

虚拟现实又称灵境技术，即本来没有的事物和环境，通过各种技术虚拟出来，让人感觉如真实的一样。

虚拟现实是以浸没感、交互性和多感知性为基本特征的计算机高级人机界面。它综合利用了计算机图形学、仿真技术、多媒体技术、人工智能技术、计算机网络技术、并行处理技术和多传感器技术，模拟人的视觉、听觉、触觉等感官功能，使人能够沉浸在计算机生成的虚拟境界中，并能够通过语言、手势等自然的方式与之进行实时交互，创建了一种适人化的多维信息空间。

虚拟现实就是要创建一个酷似客观环境、超越客观时空、使人能沉浸其中又能驾驭它的和谐人机环境，既由多维信息所构成的可操纵的空间。

VR 是建立在计算机图形学、人机接口技术、传感技术和人工智能等学科基础上的综合性极强的高新信息技术，在军事、医学、设计、艺术、娱乐等多个领域都得到了广泛的应用，被认为是 21 世纪大有发展前途的科学技术领域。

1.3　虚拟现实的特征

由于沉浸感、交互性和构想性三个特性的英文单词的第一个字母均为 I，所以这三个特征又通常被统称为 3I 特性，如图 1-1 所示。

沉浸感：又称临场感、存在感，是指用户感到作为主角存在于虚拟环境中的真实程度。

交互性：在虚拟环境中，操作者能够对虚拟环境中的对象进行操作，并且操作的结果能够反过来被操作者准确地、真实地感觉到。

构想性（也可称为多感知性）：除一般计算机所具有的视觉感知外，还有听觉感知、力觉感知、触觉感知、运动感知，甚至包括味觉感知、嗅觉感知等。

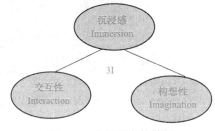

图 1-1　虚拟现实的特征

虚拟现实最重要的特点就是"逼真"与"交互"性，如图 1-2 所示。

图 1-2　虚拟现实的特点

环境中的物体和特性，按照自然规律发展和变化，让人犹如身临其境般感受到视觉、听觉、触觉、运动觉、味觉和嗅觉的变化。

1.4　虚拟现实系统的分类

在实际应用中，按其功能不同将虚拟现实系统划分为以下 4 种类型。

1.4.1　桌面式虚拟现实系统

它是利用个人计算机或图形工作站等设备，采用立体图形、自然交互等技术，产生三维立体空间的交互场景，利用计算机的屏幕作为观察虚拟世界的一个窗口，通过各种输入设备实现与虚拟世界的交互，如图 1-3 所示。

桌面式 VR 系统具有以下特点：

① 缺少完全沉浸感，参与者不完全沉浸，因为即使戴上立体眼镜，仍然会受到周围现实世界的干扰。

② 对硬件要求较低。

③ 应用比较普遍，因为它的成本相对较低。

图 1-3　桌面式虚拟现实系统

1.4.2　沉浸式虚拟现实系统

沉浸式虚拟现实系统利用头盔式显示器或其他设备，把参与者的视觉、听觉和其他感觉封闭起来，提供一个新的、虚拟的感觉空间，并利用位置跟踪器、数据手套、其他手控输入设备、声音等使参与者产生一种身在虚拟环境、并能全心投入和沉浸其中的感觉。常见的沉浸式系统有：

① 基于头盔式显示器的系统；

② 投影式虚拟现实系统；

③ 远程存在系统。

1）沉浸式 VR 系统，如图 1-4 和图 1-5 所示，其特点是：

① 高度的沉浸感；

② 高度实时性。

2）沉浸式 VR 系统的类型如下：

① 头盔式虚拟现实系统；

② 洞穴式虚拟现实系统；

③ 坐舱式虚拟现实系统；

④ 投影式虚拟现实系统；

⑤ 远程存在系统。

图 1-4 沉浸式虚拟现实系统 1

图 1-5 沉浸式虚拟现实系统 2

1.4.3 增强式虚拟现实系统

增强式虚拟现实系统既允许用户看到真实世界，同时也能看到叠加在真实世界上的虚拟对象，它是把真实环境和虚拟环境结合起来的一种系统，如图 1-6 和图 1-7 所示。常见的增强式 VR 系统有：

① 基于台式图形显示器的系统；

② 基于单眼显示器的系统（一个眼睛看到显示屏上的虚拟世界，另一只眼睛看到的是真实世界）；

③ 基于透视式头盔显示器的系统。

增强式 VR 系统有以下 3 个特点：

① 真实世界和虚拟世界融为一体；

② 具有实时人机交互功能；

③ 真实世界和虚拟世界是在三维空间中整合的。

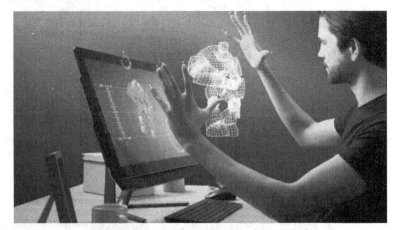

图 1-6　增强式虚拟现实系统 1

图 1-7　增强式虚拟现实系统 2

1.4.4　分布式虚拟现实系统

分布式虚拟现实系统又称 DVR，是虚拟现实系统的一种类型，它是基于网络的虚拟环境。在这个环境中，位于不同物理环境位置的多个用户或多个虚拟环境通过网络相连接，或者多个用户同时参加一个虚拟现实环境，通过计算机与其他用户进行交互并共享信息。它在沉浸式 VR 系统的基础上,将位于不同物理位置的多个用户或多个虚拟环境通过网络相连接并共享信息,从而使用户的协同工作达到一个更高的境界,如图 1-8 和图 1-9 所示。

分布式 VR 系统具有以下 5 个特点:

① 各用户具有共享的虚拟工作空间;

② 伪实体的行为真实感;

③ 支持实时交互,共享时钟;

④ 多个用户可用各自不同的方式相互通信;

⑤ 资源信息共享以及允许用户自然操纵虚拟世界中的对象。

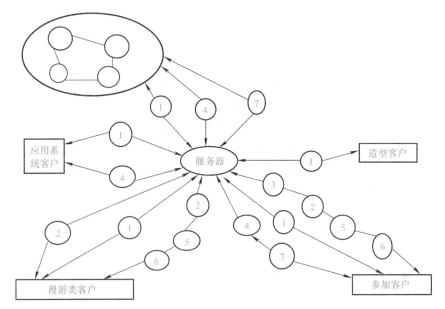

图 1-8 分布式虚拟现实系统 1

1—联结管理 2—导航控制 3—交互 4—仿真 5—几何 6—动画 7—场景管理

图 1-9 分布式虚拟现实系统 2

1.5 虚拟现实技术的研究状况

VR技术的概念最早在20世纪中期由美国VPL探索公司和它的创始人Jamn IJaIlier提出，后来美国国家航空航天局（NASA）的艾姆斯空间中心利用流行的液晶显示电视和其他设备开始研制低成本的虚拟现实系统，推动了该技术硬件的进步。目前，虚拟现实技术已获得了长足的发展。

1.5.1 国外的研究状况

1．美国虚拟现实技术的研究动态

美国作为VR技术的发源地，其研究水平基本上代表国际VR发展的水平。目前美国在该领域的基础研究主要集中在感知、用户界面、后台软件和硬件4个方面。NASA的Ames实验室研究主要集中在以下方面：将数据手套工程化，使其成为可用性较高的产品；在约翰逊空间中心完成空间站操纵的实时仿真；大量运用了面向座舱的飞行模拟技术；对哈勃太空望远镜的仿真。他们正致力于一个叫"虚拟行星探索"（VPE）的试验计划。现在NASA已经建立了航空、卫星维护VR训练系统，空间站VR训练系统，并且已经建立了可供全美国使用的VR教育系统。北卡罗来纳州立大学（UNC）的计算机系是进行VR研究最早的大学，他们主要研究分子建模、航空驾驶、外科手术仿真、建筑仿真等。Loma Linda大学医学中心的David Warner博士和他的研究小组成功地将计算机图形及VR设备用于探讨与神经疾病相关的问题，首创了VR儿科治疗法。麻省理工学院（MIT）是研究人工智能、机器人和计算机图形学及动画的先锋，这些技术都是VR技术的基础，1985年MIT成立了媒体实验室，进行虚拟环境的研究。华盛顿大学华盛顿技术中心的人机界面技术实验室（HIT Lab）将VR研究引入了教育、设计、娱乐和制造领域。从20世纪90年代初起，美国率先将虚拟现实技术用于军事领域，主要用于以下4个方面：虚拟战场环境、单兵模拟训练、诸军兵种联合演习、指挥员训练。

2．英国和日本虚拟现实技术的研究与开发

在VR开发的某些方面，特别是在分布并行处理、辅助设备（包括触觉反馈）设计和应用研究方面，英国是领先的，尤其是在欧洲。英国主要有4个从事VR技术研究的中心：Windustries（工业集团公司）是国际VR界的著名开发机构，在工业设计和可视化等重要领域占有一席之地；英国宇航公司（British Aerospace，BAe）的Brough分部正在利用VR技术设计高级战斗机座舱；Dimension International是桌面VR的先驱，该公司生产了一系列的商业VR软件包，都命名为Superscape；Divison LTD公司在开发VISION、Pro Vision和supervision系统/模块化高速图形引擎中率先使用了Tmnsputer和i860技术。

日本主要致力于建立大规模VR知识库的研究，在虚拟现实游戏方面的研究也处于领先地位。京都的先进电子通信研究所（ATR）正在开发一套系统，它能用图像处理来识别手势和面部表情，并把它们作为系统输入；富士通实验室有限公司正在研究虚拟生物与VR环境的相互作用，他们还在研究虚拟现实中的手势识别，已经开发了一套神经网络姿势识别系统，该系统可以识别姿势，也可以识别表示词的信号语言。日本奈良尖端技术研究生院大学教授

千原国宏领导的研究小组于 2004 年开发出一种嗅觉模拟器，只要把虚拟空间里的水果拉到鼻尖上一闻，装置就会在鼻尖处放出水果的香味，这是虚拟现实技术在嗅觉研究领域的一项突破。

1.5.2 国内的研究状况

我国 VR 技术研究起步较晚，与一些发达国家还有一定的差距，但现在已引起国家有关部门和科学家们的高度重视，并根据我国的国情制定了开展 VR 技术的研究计划。国家自然科学基金委员会、国家高技术研究发展计划等都把 VR 列入了研究项目。国内一些重点院校已积极投入到了这一领域的研究工作。北京航空航天大学计算机系是国内最早进行 VR 研究单位之一，并在以下方面取得进展：着重研究了虚拟环境中物体物理特性的表示与处理；在虚拟现实中的视觉接口方面开发出部分硬件，并提出有关算法及实现方法；实现了分布式虚拟环境网络设计，可以提供实时三维动态数据库、虚拟现实演示环境、用于飞行员训练的虚拟现实系统、虚拟现实应用系统的开发平台等。浙江大学 CAD&CG 国家重点实验室开发出了一套桌面型虚拟建筑环境实时漫游系统，还研制出了在虚拟环境中一种新的快速漫游算法和一种递进网格的快速生成算法；哈尔滨工业大学已经成功地虚拟出了人的高级行为中特定人脸图像的合成、表情的合成和唇动的合成等技术问题；清华大学计算机科学和技术学院对虚拟现实和临场感的方面进行了研究；西安交通大学信息工程研究所对虚拟现实中的关键技术——立体显示技术进行了研究，提出了一种基于 JPEG 标准压缩编码的新方案，获得了较高的压缩比、信噪比以及解压速度；北方工业大学 CAD 研究中心是我国最早开展计算机动画研究的单位之一，我国第一部完全用计算机动画技术制作的科教片《相似》就出自该中心。此外，清华大学对虚拟现实及其临场感等方面进行了大量的研究。北京科技大学成功开发出了纯交互式汽车模拟驾驶培训系统。北京航空航天大学开发了直升机虚拟仿真器、坦克虚拟仿真器、虚拟战场环境观察器、计算机兵力生成器。

国内还有浙江大学、西安交通大学、南京大学、国防科技大学、天津大学、北京理工大学、西北大学、山东大学、大连海事大学和香港中文大学等高校以及其他民营研究机构进行了相关的研究。

课 后 习 题

一、填空题

1. 虚拟现实的发展史分为_____、_____、_____、_____四个阶段。

2. 虚拟现实技术的基本特征有_____、_____、_____。

3. 虚拟现实系统可分为_____、_____、_____、_____四类。

4. _____年被称为虚拟现实元年，VR 呈现爆发式增长，当时预计 VR 市场规模 3 年内将超过 159 亿美元。

5. 混合现实技术的基本特征包括它结合了虚拟和现实、_____和_____。

6. 虚拟现实的建模软件主要有_____、_____、_____。

二、选择题

1. 被称为虚拟现实之父，也是计算机图形学之父的科学家是（　　）。
   A. 冯・诺依曼 　　　　　　　　　B. 伊凡・苏泽兰
   C. 杨孟飞 　　　　　　　　　　　D. 王恩东

2. 虚拟现实技术的发源地是（　　）。
   A. 日本 　　　　　B. 美国 　　　　　C. 英国 　　　　　D. 印度

3. 世界上第一套虚拟现实演播室是（　　）的 NHK Nano space。
   A. 日本 　　　　　B. 美国 　　　　　C. 英国 　　　　　D. 印度

4. （　　）是一种用于建立真实世界的场景模型或人们虚构的三维世界的场景建模语言，也具有平台无关性。
   A. 虚拟现实建模语言 　　　　　　B. 增强现实建模语言
   C. 混合现实建模语言 　　　　　　D. 物理建模语言

三、简答题

1. 简述虚拟现实技术的基本特征。
2. 简述虚拟现实技术的主要类型。
3. 简述虚拟现实系统中有哪些主要技术。

第2章 虚拟现实典型产品

 本章介绍

上一章学习了虚拟现实的基础知识，了解了虚拟现实的概念、特征以及发展历史等。这一章将学习虚拟现实的产品，详细介绍虚拟现实硬件外部设备、典型产品和相关 APP 的知识。

扫码观看视频

学习目标

○ 掌握虚拟现实硬件外设。
○ 熟悉虚拟现实相关产品与公司。
○ 了解国内外虚拟现实 APP。

2.1 虚拟现实硬件外设

2.1.1 立体眼镜

3D 眼镜采用了当今很先进的"时分法"，通过 3D 眼镜与显示器同步的信号来实现。当显示器输出左眼图像时，左眼镜片为透光状态，而右眼为不透光状态，当显示器输出右眼图像时，右眼镜片透光而左眼不透光，这样两只眼镜就看到了不同的游戏画面，达到欺骗眼睛的目的。以这样地频繁切换来使双眼分别获得有细微差别的图像，经过大脑计算从而生成一幅 3D 立体图像。3D 眼镜在设计上采用了精良的光学部件，与被动式眼镜相比，可实现每一只眼睛双倍分辨率以及很宽的视角。

1. 3D 眼镜的成像原理

人类之所以能够看到立体的景物是因为人们的双眼可以各自独立看东西，也就是左眼只能看到左眼的景物，而右眼只能看到右眼的景物。因为人类左右两眼有间距，造成两眼的视角有些细微的差别，而这样的差别会让两眼分别看到的景物有一点位移。而左眼与右眼图像的差异称为视差，人类的大脑很巧妙地将两眼的图像融合，在大脑中产生出有空间感的立

体视觉效果。

由于计算机屏幕只有一个，而人们有两只眼睛，又必须让左、右眼所看的图像各自独立分开才能有立体视觉。这时，就可以通过3D眼镜让这个视差持续在屏幕上表现出来。通过控制IC送出立体信号（左眼→右眼→左眼→右眼→依序连续互相交替重复）到屏幕，并同时送出同步信号到3D眼镜，使其同步切换左、右眼图像，换句话说，左眼看到左眼该看到的景象，右眼看到右眼该看到的景象。3D眼镜是一个穿透液晶镜片，通过电路对液晶眼镜开、关的控制，开可以控制眼镜镜片全黑，以便遮住一眼图像；关可以控制眼镜镜片为透明的，以便另一眼看到另一眼该看到的图像。3D眼镜就可以模仿真实的状况，使左、右眼画面连续互相交替显示在屏幕上，并同步配合3D眼镜，加上人眼视觉暂留的生理特性，就可以看到真正的3D图像。

2．3D眼镜的显示模式

市面上搭配3D/VR眼镜应用的立体图像种类繁多。最常见的显示模式主要有以下4种：交错显示（Interlacing）、画面交换（Page-Flipping）、画面同步倍频（Sync-Doubling）、线遮蔽（Line-Blanking）。

（1）交错显示

交错显示就是依序显示第1、3、5、7等单数扫描线，然后再依序显示第2、4、6、8等偶数扫描线的周而复始的循环显示方式。这就有点类似老式的逐行显示器和NTSC、PAL及SECOM等电视制式的显示模式。

交错显示模式的工作原理是将一个画面分为两个图场，即单数描线所构成的单数扫描线图场或单图场与偶数扫描线所构成的偶数扫描线图场或偶图场。在使用交错显示模式做立体显像时，便可以将左眼图像与右眼图像分置于单图场和偶图场（或相反顺序）中，称为立体交错格式。如果使用快门立体眼镜与交错模式搭配，则只需将图场垂直同步信号当作快门切换同步信号即可，即显示单图场（即左眼画面）时，立体眼镜会遮住使用者一只眼，而当换为显示偶图场时，则切换遮住另一只眼睛，如此周而复始，便可达到立体显像的目的。

由于交错模式不适于长时间且近距离的操作使用，就计算机显示周边技术而言，交错模式需要显示硬件与驱动程序的双重支持之下方可运行。随着相关显示周边技术的进步，非交错模式已完全取代交错模式成为标准配备。

（2）画面交换

画面交换是由特殊的程序来改变显卡的工作原理，使新的工作原理可以用来表现3D效果。因为不同的显示芯片有其独特的工作原理，所以如果要使用画面交换，那么必须针对各个显示芯片发展独特的立体驱动程序以驱动3D硬件线路，因此画面交换仅限于某些特定显示芯片。

它的工作原理是将左右眼图像交互显示在屏幕上的方式，使用立体眼镜与这类立体显示模式搭配，只需要将垂直同步信号作为快门切换同步信号即可达成立体显像的目的。而使用其他立体显像设备则将左右眼图像（以垂直同步信号分隔的画面）分送至左右眼显示设备上即可。

画面交换提供全分辨率的画面质量,故其视觉效果是四种立体显示模式中最佳的。但是画面交换的软硬件要求也是最高的,原因主要有两点:第一,如果屏幕的交错显示与3D眼镜的遮蔽不佳,那么有可能只能使左眼看到右眼的部分,右眼看到左眼的部分,造成"三重"图像(左眼、右眼、合成图像),也就是说图像会有残影出现,所以要想同时存取左右眼的画面,那么画面缓存器(Frame Buffer)所需的最小容量就要增大两倍;第二,由于屏幕是交错显示的,因此不可避免地会出现闪烁现象。要想克服立体显像的闪烁问题,左右眼都必须提供至少每秒60个画面,也就是说垂直扫描频率必须达到120Hz或更高。

(3)画面同步倍频

画面同步倍频与前两种显示模式最大的不同是,它用硬件线路而不是软件去产生立体信号,所以无须任何驱动程序来驱动3D硬件线路,因此任何一个3D加速显示芯片均可支持。只需在软件系统上对左右眼画面做上下安排便可达成。

它的工作原理是通过外加电路的方式在左右画面间(即上下画面间)多安插一个画面垂直同步信号,如此便可使左右眼画面就像交错般地显示在屏幕上,通过使用画面垂直同步信号作为快门切换同步的方式,便可以将左右画面几乎同时送到相对应的双眼中,达到立体显像的目的。由于画面同步倍频会将原垂直扫描频率加倍,因此须注意显示设备扫描频率的上限。此模式是最具效果的立体显示方式,不会受限于计算机硬件规格,同时可利用图像压缩(MPEG)格式达到进一步传输、储存的目的。

(4)线遮蔽

线遮蔽与画面同步倍频一样,是通过外加电路的方式来达到立体显像的目的,相当适合计算机标准的非交错显示模式。

它的工作原理是将撷取的画面储存在相当的缓存器(Buffer)中,送出遮蔽偶数扫描线的画面后送出一个画面垂直同步信号,再接着送出遮蔽单数扫描线的画面,如此周而复始地截取画面并送出两个单偶遮蔽的画面,便可以类似于画面交换的方式进行立体显像。其工作模式会将显卡送出信号的垂直扫描频率加倍,因此使用这种立体显示模式须注意显示设备扫描频率的上限。

由于其采用立体交错格式,对于过去的交错显示的应用软件及媒体,线遮蔽都可充分支持,因此这种立体显示模式的回溯兼容性最佳。但它与交错模式一样,垂直分辨率将会减少一半,所以立体画面品质会比画面交换模式稍差。

3. 3D眼镜分类

(1)时分式

时分式主要以液晶眼镜为主,现在的技术也比较先进了,如果屏幕足够大,那么效果可以和电影院中的立体电影相比。可以打3D游戏,结合计算机配合实现很多功能。但它有一个缺点,显示器要求是CRT的显示器,因为液晶显示器刷新频率达不到100Hz以上,新的眼镜只售100多元。

(2)互补色

主要是红蓝、红绿立体眼镜,价格最便宜,十几元就能买一个,对显示器没有要求,还能在电视、投影等设备上播放。但是这种方式实现立体效果有一个缺点,就是有一点重影。

这种方法在国外非常流行。另外，使用这种方式看的时间不能过长，这也是一部真正的红蓝立体电影每到半小时就要加进一段 2D 片段的原因，因为外国人很注意保护眼睛。

（3）偏振光

这种立体观看方式目前只能在电影院中实现，在家中难以实现。有的人用双投影的方法在家中使用，但价格昂贵，不现实，所以家用买偏振眼镜是没有太多意义的，除非花费几万元买一套双投影系统。当然，以后技术发展了，用一种全新的双屏幕的液晶显示器也有可能用偏振眼镜在家里使用。

（4）光栅式

为了迎接 2008 年奥运会，接收的电视节目能立体化，我国现已制造出光栅式的立体电视机。但光栅式也有缺点，就是清晰度和其他的立体效果相比要差一些，只有在非常大的电视上清晰度稍高，但这样一来，价格也就上去了。

（5）全真式

由德国人托马斯·侯亨赖克发明的当今世界上唯一成功的全真立体电视技术与全世界原有各制式电视设备兼容，从电视制作、播出系统，到百姓家的电视机，均无须增添任何设备和投资，只是拍摄立体节目时在摄像机上加装特殊装置即可。观众收看节目时只需戴上一副特制的三维眼镜即可，眼镜成本低廉。经国家卫生部门鉴定，不会对眼睛产生副作用。如果不戴眼镜和看普通电视没有区别，目前这样的节目很少，立体效果并不是非常出色，这项技术面临淘汰。现在又有部分数字电视节目应用这项技术。

（6）观屏镜、立体派观片器

以前专用于看立体照相机拍的图片对，图片对一般左右呈现。现在这种观屏镜也可看左右型立体电影，这是一个创新。缺点：看图像或电影时最多只能是屏幕一半大小；优点：直接看屏幕，所以非常清晰。

（7）全息式

这项技术目前无法推广。应用全息式技术制作的影片在各个角度看上去都是立体的，不用立体眼镜。但价格昂贵，只在科技馆有展示。

2.1.2 头盔显示器

头盔显示器（Head Mounted Displays，HMD）是专门为用户提供虚拟现实中立体场景的显示器，一般由下面几个部分组成：图像显示信息源、图像成像的光学系统、定位传感系统、电路控制机连接系统、头盔及配重装备。两个显示器分别向两只眼睛提供图像，显示器发射的光线经过凸透镜影响折射产生类似远方的效果，利用这个效果将近处物体放大至远处观赏而达到所谓的全像视觉。HMD 可以使参与者暂时与现实世界隔离，完全处于沉浸状态，因而它成为沉浸式 VR 系统不可缺少的视觉输出设备。

图像显示信息源是指图像信息显示器件，一般采用微型高分辨率 CRT 或者 LCD 等平板显示器件。CRT 和 LCD 是最常用的两种设备，CRT 具有高分辨率、高亮度、响应速度快和低成本的特性，不足之处是功耗较大、体积大、质量大。LCD 的优点是功耗小、体积小、质量小，不足之处是显示亮度低，响应速度较慢。

头盔显示器可以根据需要设计成为全投入式和半投入式。全投入式头盔显示器将显示器件的图像经过放大、畸变等相差矫正以及中继等光学系统在观察者眼前成放大的虚像；半投入式头盔显示器是将经过矫正放大的虚像投射到观察者眼前的半反半透的光学玻璃上，这样显示的图像就叠加在透过玻璃的外界图像之上，观察者可以得到显示的信息和外部的信息。

头盔的定位传感系统是与光学系统同等重要的一部分。它包括头部的定位和眼球的定位。眼球的定位主要应用于标准系统上，一般采用红外图像的识别处理跟踪来获得眼球的运动信息。头部的定位采用的方法比较多，如超声波、磁、红外、发光二极管等的定位系统，头部的定位提供位置和指向等6个自由度的信息。

头盔显示器的基本参数主要包括：显示模式、显示视野、视野双目重叠、显示分辨率、眼到虚拟图像的距离、眼到目镜距离、物面距离、目标域半径、视轴间夹角、瞳孔距离、焦距、出射光瞳、图像像差、视觉扭曲矫正、质量、视频输出等。

头盔显示器是常见的图形显示设备。

头盔上装有位置跟踪器，可实时测出头部的位置和朝向，并输入计算机。计算机根据这些数据生成反映当前位置和朝向的场景图像并显示在头盔显示器的屏幕上。

头盔显示器提供一种观察虚拟世界的手段，通常支持两个显示源及一组光学器件。这组光学器件将图像以预先确定的距离投影到参与者面前，并将图形放大以加宽视域。

1．头盔显示器的原理

① 将图像投影到用户面前 1～5m 的位置，通过放置在 HMD 小图像面板和用户眼睛之间的特殊光学镜片实现图像放大，填充人眼的视场角。

②场景放大的同时，像素间距也随之放大。

③HMD 分辨率越低，视场角（Field of View，FOV）越高，颗粒度越大。

HMD 的显示技术分普通消费级和专业级两种：

① 普通消费级：使用 LCD 显示器，主要为个人观看电视节目和视频游戏设计，接受 NTSC/PAL 单视场视频输入。

② 专业级：使用 CRT 显示器，分辨率更高。接受 RGB 视频输入。配备头部运动跟踪器。

2．常见的头盔显示器

① VR1280 数字头盔。

② eMagin 数字头盔。

③ Liteye 单目穿透式头盔。

④ Cybermind 双目式数字头盔。

⑤ 5DT 数字头盔。

2.1.3 数据手套

数据手套是虚拟仿真中最常用的交互工具。数据手套设有弯曲传感器，弯曲传感器由

柔性电路板、力敏元件、弹性封装材料组成，通过导线连接至信号处理电路；在柔性电路板上设有至少两根导线，以力敏材料包覆于柔性电路板上，再在力敏材料上包覆一层弹性封装材料，柔性电路板留一端在外，以导线与外电路连接。它把人手姿态准确实时地传递给虚拟环境，而且能够把与虚拟物体的接触信息反馈给操作者，使操作者以更加直接、自然、有效的方式与虚拟世界进行交互，大大增强了互动性和沉浸感，并为操作者提供了一种通用、直接的人机交互方式。它特别适用于需要多自由度手模型对虚拟物体进行复杂操作的虚拟现实系统。数据手套本身不提供与空间位置相关的信息，必须与位置跟踪设备配合使用。

除了能够跟踪手的位置和方位外，数据手套还可以用于模拟触觉。戴上这种特殊的数据手套就可以以一种新的形式去体验虚拟世界。使用者可以伸出戴手套的手去触碰虚拟世界里的物体，当碰到物体表面时，不仅可以感觉到物体的温度、光滑度以及物体表面的纹理等集合特性，还能感觉到稍微的压力作用。虽然没有东西阻碍手继续下按，但是往下按得越深，手上感受到的压力就会越大，松开时压力又消失了。模拟触觉的关键是获得某种材质的压力或皮肤的变形数据。

2.1.4　运动捕捉系统

在 VR 系统中为了实现人与 VR 系统的交互，必须确定参与者的头部、手、身体等位置的方向，准确地跟踪测量参与者的动作，将这些动作实时监测出来，以便将这些数据反馈给显示和控制系统。这些工作对 VR 系统是必不可少的，也正是运动捕捉技术的研究内容。

到目前为止，常用的运动捕捉技术根据原理不同可分为机械式、声学式、电磁式和光学式。同时，不依赖于传感器而直接识别人体特征的运动捕捉技术也将很快进入实用。

从技术角度来看，运动捕捉就是要测量、跟踪、记录物体在三维空间中的运动轨迹。典型的运动捕捉设备一般由以下几个部分组成：

① 传感器：被固定在物体的特定位置，向系统提供运动的位置信息。

② 信号捕捉设备：负责捕捉、识别传感器的信号。

③ 数据传输设备：负责将运动数据从信号捕捉设备快速准确地传送到计算机系统。

④ 数据处理设备：负责处理系统捕捉到的原始信号，计算传感器的运动轨迹，对数据进行修正、处理并与三位角色模型结合。

1. 机械式运动捕捉

机械式运动捕捉依靠机械装置来跟踪和测量运动轨迹。典型的系统由多个关节和刚性连杆组成，在可转动的关节中装有角度传感器，可以测得关节转动角度的变化情况。装置运动时根据角度传感器所测得的角度变化和连杆的长度得出杆件末端点在空间中的位置和运动轨迹。实际上，装置上任何一点的轨迹都可以求出，刚性连杆一端可以换成长度可变的伸缩杆。

机械式运动捕捉的一种应用形式是将欲捕捉的运动物体与机械结构相连，物体运动带动机械装置，从而被传感器记录下来。这种方法的优点是成本低、精度高、可以做到实时测量，还可以允许多个角色同时表演，但是使用起来非常不方便，机械结构对表演者的动作的阻碍和限制很大。

2. 声学运动捕捉

常用的声学捕捉设备由发送器、接收器和处理单元组成。发送器是一个固定的超声波发送器，接收器一般由呈三角形排列的三个超声波探头组成。通过测量声波从发送器到接收器的时间或者相位差，系统可以计算并确定接收器的位置和方向。

这类装置的成本较低，但对运动的捕捉有较大的延迟和滞后，实时性较差，精度一般不太高，声源和接收器之间不能有大的遮挡物，受噪声影响和多次反射等干扰较大。由于空气中声波的速度与大气压、湿度、温度有关，所以必须在算法中做出相应的补偿。

3. 电磁式运动捕捉

电磁式运动捕捉是比较常用的运动捕捉设备。一般由发射源、接收传感器和数据处理单元组成。发射源是在空间按照一定时空规律分布的电磁场；接收传感器安置在表演者身体的相关位置，随着表演者在电磁场中运动，通过电缆或者无线方式与数据处理单元相连。

电磁式运动捕捉对环境的要求比较严格，在使用场地附近不能有金属物品，否则会干扰电磁场，影响精度。系统的允许范围比光学式要小，特别是电缆对使用者的活动限制比较大，对于比较剧烈的运动不适用。

4. 光学式运动捕捉

光学式运动捕捉通过对目标上特定光点的监视和跟踪来完成运动捕捉的任务。目前常见的光学式运动捕捉大多应用于计算机视觉原理。从理论上说，对于空间中的一个点，只要它能同时被两个照相机缩减，则根据同一时刻两个照相机所拍摄的图像和照相机参数，可以确定这一时刻该点在空间中的位置。当照相机以足够高的速率连续拍摄时，从图像序列中就可以得到该点的运动轨迹。

这种方法的缺点就是价格昂贵，虽然可以实时捕捉运动，但后期处理的工作量非常大，对光照、反射情况有一定的要求，装置定标也比较烦琐。

2.1.5 三维跟踪传感设备

为了与三维虚拟世界交互，必须感知参与者的视线，即跟踪其头部的位置和方向，这需要在头盔上安装头部跟踪传感器。为了在虚拟世界中移动物体或移动参与者的身体，必须跟踪观察者的手位和手势，甚至于全身各肢体的位置，此时参与者需要穿戴数据手套和数据服装。另外，也可使用三维或六维鼠标和空间球等装置与虚拟世界进行交互。

1. 机械跟踪器

机械跟踪器是由一个串行或并行的运动结构组成，该运动结构由多个带有传感器的关节连接在一起的连杆构成。每个连杆的维数是事先知道的，并且可供存储在计算机中的直接运动学计算机模型使用。

根据实时读取的跟踪器关节传感器的数据，确定机械跟踪器的某个端点相对于其他端点的位置和方向。

通常把一个端点固定在桌子或地板上，把另一个端点绑在对象上。

把能单独旋转的机械部件装配使用，给用户提供多种旋转能力。通过各种连接角度计算端点位置，利用增量式编码器或电位计测量连接角。

机械跟踪器的优点：

① 简单且易于使用；

② 精度稳定，取决于关节传感器的分辨率；

③ 性能可靠，潜在的干扰源较少；

④ 抖动较小，延迟较低；

⑤ 没有遮挡问题。

机械跟踪器的缺点：

① 由于机械臂的尺寸限制，工作范围有限；

② 连杆过长时质量和惯性会随之增加，对机械振动的敏感性增加；

③ 由于跟踪器机械臂自身运动的妨碍，用户运动的自由度被减小了；

④ 当跟踪器必须由用户支撑时会导致用户疲劳，降低在虚拟环境中的沉浸感。

2. 电磁跟踪器

电磁跟踪器是一种非接触式的位置测量设备，由一个固定发射器产生的电磁场来确定移动接收单元的实时位置，如图 2-1 所示。

一般由发射器、接收传感器和数据处理单元组成。

电磁跟踪器的工作原理：

当给一个线圈通电后，在线圈的周围将产生磁场。磁传感器的输出值与发射线圈和接收器之间的距离及磁传感器的敏感轴与发射线圈发射轴之间的夹角有关。

发射器由缠绕在立方体磁芯上的三个互相垂直的线圈组成，被依次激励后在空间产生按一定时空规律分布的电磁场（交流电磁场和直流电磁场）。

使用交流电磁场时接收器由三个正交的线圈组成，当使用直流电磁场时接收器由三个磁力计或霍尔效应传感器组成。

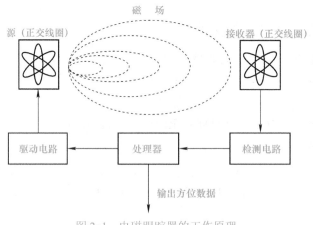

图 2-1 电磁跟踪器的工作原理

电磁跟踪器的优点：

① 成本低，体积小，质量小；

② 速度快，实时性好；

③ 装置的定标较简单，技术较成熟，鲁棒性好。

电磁跟踪器的缺点：

① 对环境要求严格，抗干扰性差；

② 工作范围因耦合信号随距离增大迅速衰减而受到了限制，这同时也影响了磁跟踪器的精度和分辨率。

③ 由于电磁场对人体的影响，电磁场强度不可能无限制地增长。需要在系统工作范围、精度、分辨率以及刷新率之间做出综合选择。

3. 超声波跟踪器

超声波跟踪器是一种非接触式的位置测量设备，使用由固定发射器发射产生的超声信号来确定移动接收单元的实时位置，如图 2-2 所示。

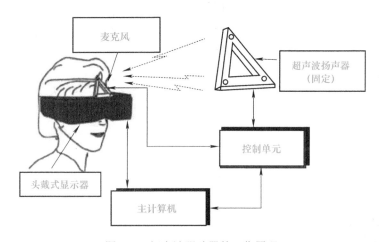

图 2-2　超声波跟踪器的工作原理

超声波跟踪器的优点：

① 不受外部磁场和铁磁性物质的影响，易于实现较大的测量范围；

② 成本低，体积小。

超声波跟踪器的缺点：

① 延迟和滞后较大，实时性较差，精度不高；

② 声源和接收器间不能有遮挡物体；

③ 受噪声和多次反射等干扰较大；

④ 由于空气中声波的速度与气压、湿度、温度有关，所以必须在算法中做出相应的补偿。

4. 光学跟踪器

光学跟踪器是一种非接触式的位置测量设备，使用光学感知来确定对象的实时位置和方向。

与超声波跟踪器类似，它也是基于三角测量，要求畅通无阻并且不受金属物质的干扰。

光学跟踪器比超声波跟踪器相比具有明显的优势：

① 光的传播速度远远大于声波的传播速度，因此光学跟踪器具有较高的更新率和较低

的延迟；

② 具有较大的工作范围，这对于现代 VR 系统来说是非常重要的。

光学跟踪器的分类：

从外向里看的跟踪器：

跟踪器的感知部件，如 CCD 照相机、光敏二极管或其他光传感器是固定的，用户身上装有一些能发光或反光的标志。

从里向外看的跟踪器：

在被跟踪对象或用户身上安置照相机，在环境中安放反光或发光的标志，如图 2-3 所示。

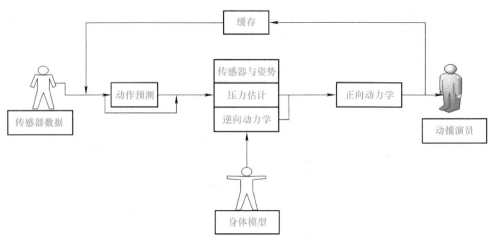

图 2-3　光学跟踪器

光学跟踪器的优点：

① 在近距离内非常精确且不受磁场和声场的干扰；

② 不受金属物质的干扰；

③ 较高的更新率和较低的延迟。

光学跟踪器的缺点：

① 要求光源和探测器可视；

② 跟踪的角度范围有限。

5. 惯性跟踪器

惯性传感器主要指陀螺仪和加速度计。这是由于陀螺仪所感测的角速度、加速度计所感测的加速度都是相对惯性空间的。

现代惯性跟踪器是一个使用了微机电（MEMS）系统技术的固态结构。

惯性跟踪器通过自约束的惯性传感器测量一个对象的方向变化速率或平移速度变化率。

惯性跟踪器的优点：

① 具有无源操作的优点，理论上的操作范围可以无限大，没有畅通无阻的要求；

② 数据刷新率很高，对减少延迟有很好的效果。

惯性跟踪器的缺点：

快速积累偏差。

解决偏差的方法：使用来自其他类型跟踪器的数据，周期性重新设置惯性跟踪器的输出。

6．GPS 跟踪器

GPS 跟踪器是目前应用最广泛的一种跟踪器。GPS 系统包括三大部分：空间部分——GPS 卫星星座、地面控制部分——地面监控系统、用户设备部分——GPS 信号接收机。

7．混合跟踪器

混合跟踪器指使用了两种或两种以上位置测量技术来跟踪对象的系统，能取得比使用任何一种单一技术更好的性能。

如果只需要方向数据，则可以通过在陀螺仪旁边并排增加地磁跟踪系统来补偿偏航（方位角）测量中的偏差。

任何局部大地直流电磁场对用于补偿偏差的磁力计的输出数据都会产生干扰，因此会对性能产生影响。提供方向和位置数据的惯性跟踪器需要用其他方法补偿偏差。

2.1.6 数据衣

数据衣是为了让 VR 系统识别全身运动而设计的输入装置。通过 BOOM 显示器和数据手套与虚拟现实系统交互数据。数据衣是根据"数据手套"的原理研制而成的，这种衣服装备着许多触觉传感器，穿在身上，衣服里面的传感器能够根据身体的动作探测和跟踪人体的所有动作。数据衣对人体大约 50 个不同的关节进行测量，包括膝盖、手臂、躯干和脚。通过光电转换，身体的运动信息被计算机识别，反过来衣服也会反作用在身上产生压力和摩擦力，使人的感觉更加逼真。

和 HMD 数据手套一样，数据衣也有延迟大、分辨率低、作用范围小、使用不便的缺点，另外数据衣还存在着一个潜在的问题就是人的体型差异比较大。为了检测全身，不但要检测肢体的伸张状况，而且还要检测肢体的空间位置和方向，这需要许多空间跟踪器。

2.1.7 墙式投影显示设备

随着信息时代的到来，计算机多媒体技术迅猛发展，网络技术普遍应用，大到指挥监控中心、网管中心的建立，小到临时会议、技术讲座的进行，都渴望获得大画面、多彩色、高亮度、高分辨率的显示效果，而传统的 CRT 显示器很难满足人们这方面的要求。近些年来迅速发展起来的大屏幕投影技术成为解决彩色大画面显示的有效途径，应用范围进一步拓展，市场也因需求的增长日渐活跃。

到目前为止，投影机主要通过三种显示技术实现，即 CRT 投影技术、LCD 投影技术以及近些年发展起来的 DLP 投影技术。

按照投影方式的不同分为前投式、背投式和组合拼接式三种。投影设备的显示屏幕一般远远大于 CRT 显示器，因此在监控系统中常常用作主监视器。

1．CRT 投影机

CRT（Cathode Ray Tube，阴极射线管）作为成像器件是实现最早、应用最为广泛的一种显示技术。这种投影机可把输入信号源分解成 R（红）、G（绿）、B（蓝）三基色，它们控制电子束分别打在RGB三个CRT管的荧光屏上，荧光粉在高压作用下发光，在荧光屏上重现一个较亮的图像，经过光学系统放大、会聚，在大屏幕上显示出彩色图像。光学系统与 CRT 管组成投影管，通常所说的三枪投影机就是由三个投影管组成的投影机。由于使用内光源，也叫主动式投影方式。CRT 技术成熟，显示的图像色彩丰富，还原性好，具有丰富的几何失真调整能力；但其图像分辨率与亮度相互制约，直接影响 CRT 投影机的亮度值，到目前为止，其亮度值始终徘徊在 300lm 以下。另外 CRT 投影机操作复杂，特别是会聚调整烦琐，机身体积大，只适合安装于环境光较弱、相对固定的场所，不宜搬动。

有两个 CRT 投影机的特有性能指标值得注意：

第一个是会聚性能，会聚是指红、绿、蓝三种颜色在屏幕上的重合。对 CRT 投影机来说，会聚控制性显得格外重要，因为它有 RGB 三种 CRT 管，平行安装在支架上，要想做到图像完全会聚，必须对图像各种失真均能校正。机器位置的变化，会聚也要重新调整，因此对会聚的要求，一是全功能，二是方便快捷。会聚有静态会聚和动态会聚，其中动态会聚有倾斜、弓形、幅度、线性、梯形、枕形等功能，每一种功能均可在水平和垂直两个方向上进行调整。除此之外，还可进行非线性平衡、梯形平衡、枕形平衡的调整。

另外一个指标就是 CRT 管的聚焦性能。我们知道，图形的最小单元是像素。像素越小，图形分辨率越高。在 CRT 管中，最小像素是由聚焦性能决定的，所谓可寻址分辨率，即是指最小像素的数目。CRT 管的聚焦机制有静电聚焦、磁聚焦和电磁复合聚焦三种，其中以电磁复合聚焦较为先进，其优点是聚焦性能好，尤其是高亮度条件下不会散焦，且聚焦精度高，可以进行分区域聚焦、边缘聚焦、四角聚焦、从而可以做到画面上每一点都很清晰。

2．LCD 投影机

LCD（Liquid Crystal Display，液晶显示）投影机是液晶显示技术和投影技术相结合的产物，它利用液晶的电光效应，用液晶板作为光的控制层来实现投影。液晶的种类很多，不同的液晶，其分子排列顺序也不同（在 LCD 显示器中，采用了扭曲向列型液晶）。有些液晶在不加电场时是透明的，而加了电场后就变得不透明了；有些则相反，在不加电场时是不透明的，而加了电场后就变得透明了，透明度的变化与所加电场有关，这就是电光效应。LCD 投影机按内部液晶板的片数可分为单片式和三片式两种。现在投影机主要采用三片式 LCD 板，在此重点说明三片式 LCD 投影机的工作原理。

三片式 LCD 投影机用红、绿、蓝三块液晶板分别作为红、绿、蓝三色光的控制层。光源发射出来的白色光经过镜头组会聚到达分色镜组，红色光首先被分离出来，投射到红色液晶板上，液晶板记录下的以透明度表示的图像信息被投射生成了图像中的红色光信息。

绿色光被投射到绿色液晶板上，形成图像中的绿色光信息，同样蓝色光经蓝色液晶板生成图像中的蓝色光信息，三种颜色的光在棱镜中会聚，由投影镜头投射到投影幕上形成一幅全彩色图像。

LCD 投影机分为液晶板和液晶光阀两种。液晶是介于液体和固体之间的物质，本身不发光，工作性质受温度影响很大，其工作温度为 –55 ～ 70℃。投影机利用液晶的光电效应，即液晶分子的排列在电场作用下发生变化，影响其液晶单元的透光率或反射率，从而影响它的光学性质，产生具有不同灰度层次及颜色的图像。

（1）液晶光阀投影机

这种投影机也称为图像光学放大器（Image Light Amplifier，ILA），理论上可以将亮度与图像完全分离，从而显示高亮度、高对比度、高分辨率的画面。

液晶光阀投影机采用 CRT 管和液晶光阀作为成像器件，是 CRT 投影机与液晶光阀相结合的产物。为了解决图像分辨率与亮度间的矛盾，它采用外光源，也叫被动式投影方式。一般的光阀主要由三部分组成：光电转换器、镜子、光调制器，它是一种可控开关。通过 CRT 输出的光信号照射到光电转换器上，将光信号转换为持续变化的电信号；外光源产生一束强光，投射到光阀上，由内部的镜子反射，通过光调制器，改变其光学特性，紧随光阀的偏振滤光片，将滤去其他方向的光，而只允许与其光学缝隙方向一致的光通过，这个光与 CRT 信号相复合，投射在屏幕上。它是目前为止亮度、分辨率最高的投影机，亮度可达 6000lm，分辨率为 2500 像素 ×2000 像素，适用于环境光较强、观众较多的场合，如超大规模的指挥中心、会议中心及大型娱乐场所。但其价格高、体积大，光阀不易维修。

（2）液晶板投影机

液晶板投影机的成像器件是液晶板，也是一种被动式的投影方式。利用外光源金属卤素灯，通过分光镜形成 RGB 三束光，分别透射过 RGB 三块液晶板；信号源经过模数转换调制加到液晶板上，控制液晶单元的开启、闭合，从而控制光路的通断，再经镜子合光，由光学镜头放大显示在大屏幕上。目前市场上常见的液晶投影机比较流行单片设计，这种投影机体积小、重量轻、操作、携带极其方便，价格也比较低廉。但其光源寿命短、色彩不太均匀、分辨率较低，最高分辨率为 1024 像素 ×768 像素，多用于临时演示或小型会议。这种投影机虽然也实现了数字化调制信号，但液晶本身的物理特性决定了它的响应速度慢，随着时间的推移，性能有所下降。

它的模拟信号显示达 450 线，数字信号为 1600×1280 以下，亮度集中在 400 ～ 1200lm。它投影机具有体积小、便于携带，使用时无须调整会聚的特点，其灯泡使用寿命大约为 3000h。

（3）三片 DLP 系统

另外一种方法是将白光通过棱镜系统分成三原色。这种方法使用三个 DMD，一个 DMD 对应于一种原色。应用三片 DLP 投影系统的主要原因是为了增加亮度。通过三片 DMD，来自每一原色的光可直接连续地投射到它自己的 DMD 上。结果更多光线到达屏幕，

从而给出一个更亮的投影图像。这种高效的三片投影系统被用在超大屏幕和高亮度应用领域。

DLP 的潜在问题

人们常常提到的 DLP 投影机弱点只有一个，即"彩虹效应"，具体表现是色彩被简单地分离出明显的红、绿和蓝三种单色，看起来像雨后彩虹一样。这是由于用一个旋转色轮来调制图像色彩而产生的，同时因为有些人的视觉系统特别灵敏，能察觉出一种彩色转换到另一种彩色的过程，而不是像大多数人那样靠视觉暂留现象把几种单色混合成新的色彩。除了某些用户能把色彩分离出来，还有些用户可能因为色彩的迅速变化而产生眼睛胀痛和头痛的情况。而 LCD 投影机和三片式 DLP 投影机都不会有这种现象，它们在物理结构上就是把三个固定的红、绿、蓝图像叠加而成。

但这一问题对不同的人，作用是不一样的。某些人能看出彩虹效应，甚至严重到画面几乎不能看。有些人只是偶尔会看到彩虹痕迹，远没到无法欣赏画面的程度。对于后者来说，DLP 的这一缺点就没有实用上的影响。更幸运的是大多数人既看不出彩虹痕迹，也不会被眼胀、头痛所困惑。如果人人都能在 DLP 投影机上看到彩虹效应，DLP 投影机也就失去了存在的机会了。

但不管怎样彩虹效应总是一个问题。德州仪器公司和用 DLP 技术制造投影机的厂商还是在尽力解决这一问题。第一代 DLP 投影机色轮每秒旋转 60 次，相当于帧频 60Hz，或每分钟 3600 转。在色轮中，红、绿、蓝像素各一段，所以，每种颜色每秒刷新也是 60 次。这种第一代产品称为"1X"转速。

第一代产品还有少数人能看到彩虹效应，改进的第二代产品的色轮转速上升到 2X，即 120Hz 和 7200r/min，能看到彩虹效应的人就更少了。今天，很多专为家庭影院市场设计的 DLP 投影机用六段色轮、色轮转一圈出现两次红、绿、蓝，且色轮又以 120Hz 或 7200r/min 旋转，这样在商业上就称之为 4X 转速。不断提高色彩刷新速度，看得出彩虹效应的人数也就越来越少。但到目前，彩虹效应对少部分观众来说还是个问题。

2.1.8　CAVE 虚拟系统

洞穴式 VR 系统就是一种基于投影的环绕屏幕的洞穴自动化虚拟环境（Cave Automatic Virtual Environment，CAVE）。人置身于由计算机生成的世界中，并能在其中来回走动，从不同的角度观察它，触摸它、改变它的形状。大屏幕投影系统除了 CAVE 还有圆柱形的投影屏幕和由矩形拼接构成的投影屏幕等。

2.1.9　触觉、力觉反馈设备

触觉反馈装置使参与者除了接受虚拟世界物体的视觉和听觉信号外，同时还能接受其触觉刺激，如纹理、质地感；力觉反馈装置则可以提供虚拟物体对人体的作用力或虚拟物体之间的吸引力和排斥力的信号，如图 2-4 所示。

接触反馈传送接触表面的几何结构、虚拟对象的表面硬度、滑动和温度等实时信息。它不会主动抵抗用户的触摸运动，不能阻止用户穿过虚拟表面。

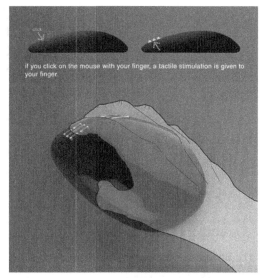

图 2-4　触觉鼠标

　　力反馈提供虚拟对象表面柔顺性、对象的质量和惯性等实时信息。它主动抵抗用户的触摸运动，并能阻止该运动（如果反馈力比较大），如图 2-5 所示。

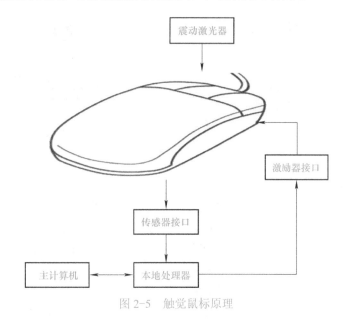

图 2-5　触觉鼠标原理

1．人类的触觉系统

① 触觉。

② 传感器—发动机控制。

2．接触反馈接口

① 触觉鼠标。

② CyberTouch 手套，如图 2-6 所示。

图 2-6　CyberTouch 手套

3．力反馈接口

它能提供真实的力，结构更重。要被牢固地固定，以防止滑动。

① 力反馈操纵杆，如图 2-7 所示。

② CyberGrasp 手套，如图 2-8 所示。

图 2-7　力反馈操纵杆

图 2-8　CyberGrasp 手套

外骨架：引导电缆，机械放大器。

缺点：易疲劳，无法模拟对象的质量。

在 VR 系统中如果没有触觉反馈，当用户接触到虚拟世界的某一物体时易使手穿过物体，从而失去真实感。解决这种问题的有效方法是在用户交互设备中增加触觉反馈。触觉反馈主要是基于视觉、气压式、振动触感、电子触感和神经肌肉模拟等方法来实现的。向皮肤反馈可变点脉冲的电子触感反馈和直接刺激皮层的神经肌肉模拟反馈都不太安全，相对而言，气压式和振动触感是较为安全的触觉反馈方法。

气压式触摸反馈是一种采用小空气袋作为传感装置的。它由双层手套组成，其中一个输入手套来测量力，有 20 ～ 30 个力敏元件分布在手套的不同位置，当使用者在 VR 系统中产生虚拟接触的时候，检测出手的各个部位的受力情况。用另一个输出手套再现所检测的压力，手套上也装有 20 ～ 30 个空气袋放在对应的位置，这些小空气袋的气压由空气压缩泵控制，并由计算机对气压值进行调整，从而实现虚拟手物碰触时的触觉感受和受力情况。该方法实现的触觉虽然不是非常逼真，但是已经有较好的结果。

振动触感反馈是用声音线圈作为振动换能装置以产生振动的方法。简单的换能装置就如同一个未安装喇叭的声音线圈，复杂的换能器是利用状态记忆合金支撑。当电流通过这些换能装置时，它们都会发生形变和弯曲。可根据需要把换能器做成各种形状，把它们安装在皮肤表面的各个位置。这样就能产生对虚拟物体的光滑度、粗糙度的感知。

力觉和触觉实际是两种不同的感知，触觉包括的感知内容更加丰富如接触感、质感、纹理感以及温度感等；力觉感知设备要求能反馈力的大小和方向，与触觉反馈装置相比，力反馈装置相对成熟一些。目前已经有的力反馈装置有：力量反馈臂、力量反馈操纵杆、笔式六自由度游戏棒等。其主原理是由计算机通过力反馈系统对用户的手、腕、臂等运动产生阻力从而使用户感受到作用力的方向和大小。

由于人对力觉感知非常敏感，一般精度的装置根本无法满足要求，而研制高精度力反馈装置又相当昂贵，这是人们面临的难题之一。

2.1.10 三维扫描仪

三维扫描仪是快速获取物体的立体彩色信息并将其转化为计算机能直接处理的三维数字模型的仪器，即快速实现三维信息数字化的一种极为有效的工具。三维扫描仪主要有两类：接触式三维扫描仪、非接触式三维扫描仪。

1. 接触式三维扫描仪

其优点是：

① 具有较高的准确性和可靠性；

② 配合测量软件，可快速准确地测量出物体的基本几何形状。

其缺点是：

① 测量费用较高；

② 探头易磨损且容易划伤被测物体表面；

③ 测量速度慢，检测一些内部元件有先天的限制；

④ 在测量时，接触探头的力将使探头尖端部分与被测件之间发生局部变形而影响测量值的实际读数；

⑤ 由于探头触发机构的惯性及时间延迟而使探头产生超越现象，趋近速度会产生动态误差。

2. 非接触式三维扫描仪

① 非接触式的光电方法对曲面的三维形貌进行快速测量已成为大趋势。

② 对物体表面不会有损伤。

③ 相比接触式三维扫描仪，非接触式三维扫描仪具有扫描速度快，容易操作等特点，三维激光扫描仪可以达到 5000 ~ 10 000 点 /s 的速度，而照相式三维扫描仪则采用面光，速度更是达到几秒钟百万个测量点，应用于实时扫描，工业检测具有很好的优势。

非接触式三维扫描仪分为：激光式和照相式两种。

① 激光式扫描仪属于较早的产品，由扫描仪发出一束激光光带，光带照射到被测物体上并在被测物体上移动，就可以采集出物体的实际形状。

② 照相式扫描仪是针对工业产品涉及领域的新一代扫描仪，与传统的激光扫描仪和三坐标测量系统比较，其测量速度提高了数十倍。由于有效地控制了整合误差，整体测量精

度也大大提高。其采用可见光将特定的光栅条纹投影到测量工件表面，借助两个高分辨率CCD数字照相机对光栅干涉条纹进行拍照，利用光学拍照定位技术和光栅测量原理，可在极短时间内获得复杂工件表面的完整点云。其独特的流动式设计和不同视角点云的自动拼合技术使扫描不需要借助于机床的驱动，而扫描大型工件则变得高效、轻松。其高质量的完美扫描点云可用于汽车制造业中的产品开发、逆向工程、快速成型、质量控制，甚至可实现直接加工。

三维扫描仪的应用：工业设计、制鞋行业、精密雕刻行业、汽车工业、玩具行业、模具制造行业、数码设计行业、工艺品行业、动漫设计行业、服装设计行业、文物保护与古董修复、陶瓷卫浴行业、家电产品设计、医学与人体美容、珠宝饰品设计、教育行业等。

三维扫描仪的功能

三维扫描仪是一种科学仪器，可用来检测并分析现实世界中物体或环境的形状（几何构造）与外观数据（如颜色、表面反射率等）。搜集到的数据常被用来进行三维重建计算，在虚拟世界中创建实际物体的数字模型。这些模型具有相当广泛的用途，工业设计、瑕疵检测、逆向工程、机器人导引、地貌测量、医学信息、生物信息、刑事鉴定、数字文物典藏、电影制片、游戏创作素材等领域都可见其应用。三维扫描仪的制作并非采用单一技术，各种不同的重建技术都有其优缺点，成本与售价也有高低之分。目前并无一体通用的重建技术，仪器与方法往往受限于物体的表面特性。例如光学技术不易处理闪亮（高反射率）、镜面或半透明的表面，而激光技术不适用于脆弱或易变质的表面。

三维扫描仪用于创建物体几何表面的点云，这些点可用来插补成物体的表面形状，密集的点云可以创建更精确的模型（这个过程称为三维重建）。若扫描仪能够获取工件表面颜色，则可进一步在重建的表面上粘贴材质贴图，亦即所谓的材质印射（Texture Mapping）。

三维扫描仪可模拟为照相机，它们的视线范围都体现圆锥状，信息的搜集皆限定在一定的范围内。两者的不同之处在于照相机所抓取的是颜色信息，而三维扫描仪测量的是距离。

2.2 虚拟现实主要产品

2.2.1 VR头盔

VR头盔又叫虚拟现实头盔，即VR头显。VR头盔是一种利用头戴式显示器将人对外界的视觉、听觉封闭，引导用户产生一种身在虚拟环境中的感觉。头戴式显示器是较早出现的虚拟现实显示器中的，其显示原理是左右眼屏幕分别显示左右眼的图像，人眼获取这种带有差异的信息后在脑海中产生立体感。

VR头盔使用红外激光来跟踪头盔的移动。图2-9所示的VR头盔使用的是放在办公桌上的红外摄像头跟踪 VR 头盔前后都有的红外发射器。如果使用控制器，那么还需要另外配一个摄像头，以避免在跟踪头盔和控制器上的红外灯时出现混淆。每个传感器都是单独跟踪的，计算机收集所有信息来渲染画面，让使用者在任何时候从任何角度看到的图像都是正确的。所有这一切几乎都需要立即完成，这意味着每个红外传感器的坐标被立即捕获和处理，图像也就马上显示出来，几乎没有滞后。

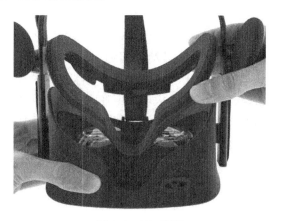

图 2-9　VR 头盔

2.2.2　VR 眼镜

随着科学技术的发展，越来越多的新型产品被研发出来，这是时代进步的表现，也是一个时代的象征。也许有的读者对眼镜并不陌生，然而 VR 眼镜并不是人们平时所了解到的眼镜，它是智能化眼镜的一大里程碑。

VR 眼镜是利用仿真技术与计算机图形学、人机接口技术、多媒体技术、传感技术、网络技术等多种技术集合的产品，是借助计算机及传感器技术创造的一种崭新的人机交互手段，如图 2-10 所示。VR 眼镜是一个跨时代的产品。

图 2-10　VR 眼镜

VR 眼镜的原理和人们的眼睛类似，两个透镜相当于眼睛，但远没有人眼"智能"。再加上 VR 眼镜一般都是将内容分屏，切成两半，通过镜片实现叠加成像。这时往往会导

致人眼瞳孔中心、透镜中心、屏幕中心不在一条直线上，使得视觉效果很差，出现不清晰、变形等问题。而理想的状态是，人眼瞳孔中心、透镜中心、屏幕中心应该在一条直线上，这时就需要通过调节透镜的"瞳距"使之与人眼瞳距重合，然后使用软件调节画面中心，保证三点一线，从而获得更佳的视觉效果。国内的设备有的是通过物理调节，有的是通过软件调节，比如暴风魔镜，其瞳距需要通过上方的旋钮来调节，SVR Glass 则需要使用软件来调节瞳距。

可以将手机程序安装进 VR 眼镜中，下载相对应的 APP，之后将其戴在头上如同眼镜一般，即可给体验的人带来一种如同身临其境的感觉，也大概类似于人们平常在电影所观看的 3D 格式电影，当然不仅如此，更让人震撼的是用来体验一些专为这个眼镜开发的多视角视频和游戏，就像一个人的电影院一样，大屏幕就在眼前，而且体验效果是非常好的。但是目前对 VR 眼镜的深入开发研究尚未停止，为了使画面更加具有真实感并帮助消除佩戴者的眩晕感，VR 眼镜技术还需要有进一步的优化，使 VR 眼镜不仅不伤眼还能矫正视力。通常，VR 眼镜屏幕离眼睛都特别近，因此容易引起人们对 VR 眼镜伤害视力的联想，但 VR 眼镜实际上是可以改善视力的。

2.2.3 微软 HoloLens

微软发布的全息影像头戴设备 HoloLens 内置处理器、传感器，并具有全息透视镜头及全息处理芯片，并无须连接手机、计算机即可使用，如图 2-11 所示。

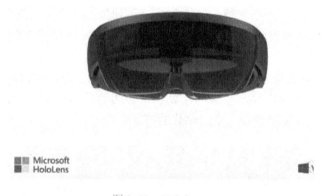

图 2-11 HoloLens

HoloLens 是增强现实眼镜，戴上它之后，就好像微软现场所演示的，会在现实的世界里混入虚拟物体或信息，从而进入一个混合空间中。它会将人的头部移动虚拟成指针，将手势作为动作开关，将声音指令作为辅助，帮助切换不同的动作指令。

相比 Google Glass，HoloLens 的工作环境是室内，以提供新的交互方式来帮助人更加高效地工作，或者展示新的娱乐方式。相比 Oculus Rift，HoloLens 不会把人封闭在全新的虚拟世界里，所以并不妨碍人们面对面交流。

1．HoloLens 是个独立的计算机，但关键在于深度摄像头和 HPU

HoloLens 具备 CPU、GPU，因此是独立的计算机。不过，真正让它变得犹如"魔法"一般的关键是自带的深度摄像头以及 HPU。如果你熟悉 Kinect，就会知道它的技术关键是源自被苹果收购的 PrimeSense，后者通过随机的激光散斑对空间进行"光编码"（Light Coding），对整个空间进行标记，以此来检测人体的运动。HoloLens 深度摄像头的工作原理也同样如此，在它正式运作之前，需要对整个空间进行编码，然后才会显出虚拟图形。这一点可以看 HoloLens 的官方视频，演员用眼镜玩 Mindcraft 之前，视频里展现了一个编码化的过程——或许在一个新环境使用 HoloLens，会有一个初始化的过程。

2．HoloLens 现在只有工程原型机，戴上后会自动校正

HoloLens 的原型机分为两个部分，一部分是绕在脖子上的计算单元，它上面甚至拖着一根电源线，另一部分是套在头上的部分，会自动测量瞳孔间的距离而且自动校正，以适应人眼。

3．实时对环境进行 3D 建模

2013 年，微软研究院发布了名为 IllumiRoom 的项目，通过 Kinect 和一部投影机结合，将电视机中的游戏画面扩展到电视外，让人获得更加沉浸式的体验。在这里，Kinect 的作用是迅速捕捉房间内部的几何形状，以配合投影，而且无须任何图像的预处理。

显然，微软在结合 Kinect 进行快速 3D 建模方面积累了大量经验。

4．HoloLens 也许会改变人们的客厅

HoloLens 发布后，Vox 写了一篇名为"3D 眼镜如何令电视淘汰"的评论，讨论了 HoloLens 这类增强现实眼镜如何改变人的客厅环境。

相比传统的电视机，存在于 HoloLens 镜片上的虚拟电视机有几大优势：

① 直接显示 3D 视频；

② 虚拟电视机尺寸可大可小，而且基本不受室内环境的限制；

③ 在享受电影的同时，HoloLens 不会阻碍用户与家人之间交流；

④ 用户可以自己选择观看点。

5．HoloLens 的将来

手机之后，一个技术的热点趋势便是穿戴式设备。穿戴式设备可以做到比手机更便携、更丰富的交互方式（比如能持续地采集手机采集不到的数据）。有预期到 2020 年，穿戴式设备的技术将会大量成熟并成为手机之外的智能辅助设备。而在这些穿戴式设备中，其他设备只是处于配角来辅助手机，而眼镜才有超越手机的交互信息获取优势。

6．HoloLens 的疑点

Alex Kipman 在发布会上不停地强调 HoloLens 是非常早期的版本，尽管他当时也承诺 2015 年眼镜将正式上市。所以，在发布那一年内，微软需要克服几大难关：

① 设备的发热要控制在人可以接受的范围之内。如前文所提，普通 3D 游戏都可以令 GPU 的温度上升至 90℃，HPU 技术是否可以令 HoloLens 不会发热呢？当然，HoloLens 的设计是运用设备的两侧进行散热，尽量避免人的头部感受到热量；

② 微软没有提 HoloLens 的分辨率，这可是关于增强现实体验的核心指标。作为用户，当然希望分辨率越高越好，最好能够达到 Retina 的程度，但分辨率过高或许会影响到耗电

量与发热；

③ HoloLens 的续航时间有多长？这也是微软发布会上没有提的。尽管不可能要求 HoloLens 续航高达 24h，但也希望至少能够使用 5h，也就是至少能够支撑半天使用，而且充电速度可以再快一点，1h 内充满；

④ 微软没有透露 HoloLens 的显示方式，由于 Oculus Rift 实际体验中存在不少问题，所以人眼长时间聚焦在距离较近的屏幕上是否会感到不舒服？

2.3 虚拟现实 APP

2.3.1 暴风魔镜 VR APP

暴风魔镜是一款虚拟现实眼镜，目前已经推出了五代，拥有小魔镜、魔眼、手工版魔镜等产品，配合暴风魔镜 APP 使用，为用户提供具有沉浸感的虚拟现实体验：可以使用暴风魔镜观看 iMax 电影、全景视频与图片，体验全景游戏与虚拟社交，如图 2-12 和图 2-13 所示。

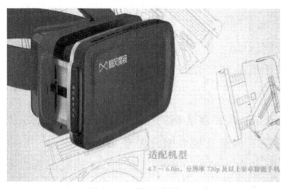

图 2-12　暴风魔镜

图 2-13　暴风魔镜 VR App 界面

基本参数以暴风魔镜 4S RIO 为例。

产品质量：主机 257g，前装饰件 16g，共 273g（不含头戴）。

视场角（FOV）：60°。

镜片参数：非球面镜片，防蓝光、加硬、防紫外线。

物距调节：0 ～ 600°近视调节。

2.3.2　3D 播播 VR APP

3D 播播是一款综合性平台，上面不但有海量的 3D 影视动画、360°全景视频、VR 电影首播、3D 游戏、VR 游戏等在线高清内容，还支持手机本地 2D/3D/360°全景视频的播放，同时还支持用户分享 VR 视频内容。它除了支持市面上主流的手机盒子外，还兼容乐视超级电视、小米电视、小米盒子、天猫魔盒等智能设备，在各大应用商店的下载量都比较大，如图 2-14 所示。

支持平台：安卓、iOS、TV。

亮点：能看能分享，还支持 TV。

图 2-14　3D 播播 APP 界面

2.3.3　橙子 VR APP

橙子 VR 是一款 VR 资源聚合平台，其不但支持导入各种本地视频格式、软硬解码，还可选分屏 /3D/ 上下 / 左右 /360°等各种模式观看，更可自由调节视频画面大小。

此外，除了视频，橙子 VR APP 还有 VR 游戏下载、VR 热点资讯等内容以及各种 VR 资源专题推介、排行榜、福利资源，甚至还针对国产主流 VR 头戴眼镜进行适配。

支持平台：安卓、iOS。

亮点：内容丰富，有视频，还有游戏，如图 2-15 所示。

图 2-15 橙子 VR APP

2.3.4 UtOVR APP

UtoVR 是一款大型 VR 内容聚合播放器，内容更新快，比如《速度与激情》的导演制作了一个体验片《HELP》，通过这个 APP 就可以观看。UtoVR 除了内容多、更新快等特点外，还有"VR 在线播"节目，里面有极限运动、综艺、偶像、创意等高清 VR 片源，也有 UtoVR 自制的《VR 城会玩》、SNH48 公演 VR 视频，如图 2-16 所示。

当然,"VR 本地播"也是必需的,它支持导入各种格式的本地视频播放,支持软硬解码,这样一些手机内的视频也能在这里看了。

支持平台:安卓、iOS。

亮点:视频多,更新快,用户评价高。

图 2-16 UtoVR APP 界面

2.3.5 VR 热播 APP

VR 热播是一款专业的 VR 全景视频播放器,VR 热播有国内外比较火爆的 VR 全景视频资源和热播科技独家自制内容。比如《占星公寓》,这是国内第一部 VR 室内情景季播剧,如图 2-17 所示。

VR 开关是 VR 热播 APP 的特色,一键切换 VR 眼镜模式,自动开启陀螺仪与双屏播放,非 VR 眼镜模式下也可单屏划动屏幕欣赏全景影片。

支持平台:安卓、iOS。

亮点：集成 VR 资源，还有自制内容。

图 2-17　VR 热播 APP 界面

2.3.6　米多娱乐 VR　APP

米多娱乐是一个主打娱乐综艺内容的 APP，其最大的优势就是娱乐圈的明星多，而且视频分辨率也高（清晰度可达 4K），这是其他 APP 不具备的优势，比如这款应用有《我是歌手》节目的台前幕后全部收集，在上面能看到大家的偶像，如图 2-18 所示。

这几乎相当于亲临现场看《我是歌手》节目，真正置身于明星身边，在录音室、练习室、片场、综艺节目中，在舞台上，感受他们的点滴。不过，其内容有些少，界面效果一般。

支持平台：安卓、iOS。

亮点：明星多，视频高清。

图 2-18　米多娱乐 VR APP 界面

课 后 习 题

一、填空题

1. HTC VIVE 头戴式设有_____个头戴式设备感应器，可实现 360°移动追踪。

2. Stream VR 系统的房间设置包括_____和_____两种模式。

3. 当 HTC VIVE 设备中的手柄开机仍未配对时，需同时按住手柄的_____和_____键，实现控件配对。

4. VR 系统中常用的立体显示设备可分为_____、_____、_____三大类。

5. HMD 是_____的简称。

6. HTC VIVE 是由 HTC 和_____联合开发的。

二、选择题

1. （   ）是运用先进的技术手段将虚拟物体的空间无能运动转变成物理设备的机械运动，使用户能够体验到真实的力度感和方向感，从而提供一个崭新的人机交互界面。该项技术最早应用于尖端医学和军事领域。

    A．光学系统　　　　B．力反馈　　　　C．跟踪系统　　　　D．声音系统

2. 下列生产商不生产虚拟现实头盔设备的是（   ）。

    A．Oculus Rift　　　B．HTC VIVE　　　C．索尼　　　　D．顺丰

3. AR 设备的典型代表是（   ）。

    A．HTC VIVE　　　B．HoloLens　　　C．Magic Leap　　　D．Oculus Rift

三、简答题

1. 简述混合现实的特点。

2. 列举一套完整的 HTC VIVE 套装里面的配件（至少 5 个）。

3. 简述虚拟现实系统的组成部分。

第3章 虚拟现实关键技术

 本章介绍

在虚拟现实技术知识的学习中，虚拟现实相关技术是最重要的部分，在虚拟现实领域中需要能够运用相关技术制作出合适的高品质虚拟现实应用系统。本章将讲解一些常用的虚拟现实技术，为读者掌握基本的虚拟现实技术、深入学习虚拟现实技术打下扎实的基础。

 学习目标

扫码观看视频

○ 掌握常用的虚拟现实 3D 建模技术。
○ 掌握虚拟现实人机交互技术。
○ 熟悉立体显示技术。
○ 熟悉三维虚拟声音的实现。
○ 熟悉碰撞检测的要求。

虚拟现实技术是一种综合了多媒体技术、计算机图形技术、网络技术、人机交互技术、虚拟仿真技术及立体显示技术等多种学科技术的计算机学科新技术，其目的是创造虚拟环境并通过视觉、听觉和触觉等感知行为让用户身临其境并可进行智能交互。其中，快速建模技术、实时三维图形生成、体感交互以及虚拟现实开发引擎是虚拟现实技术的关键技术环节。

利用虚拟现实技术可以为人们提供一个更加直观、易操作、精确性高、交互式的高效操作平台。

3.1 立体显示技术

人类从客观世界获取信息的 80% 来自于视觉，视觉信息的获取是人类感知外部世界、获取信息的最主要传播渠道。在视觉显示技术中，实现立体显示技术是较为复杂和关键的。立体显示技术是虚拟现实的关键技术之一，它可以使人在虚拟现实世界里具有更强的沉浸感，立体显示技术的引入可以使各种模拟器的仿真更加逼真。因此，有必要研究立体成像技术并利用现有的计算机平台，结合相应的软硬件系统在显示器上显示立体视景。

3.1.1 立体视觉的形成原理

双目视差显示技术：由于人两眼之间有 4 ～ 6cm 的距离，所以实际上看物体时两只眼睛中的图像是有差别的。两幅不同的图像输送到大脑后，看到的是有景深的图像。这就是计算机和投影系统的立体成像原理，如图 3-1 所示。

立体显示技术主要有分色技术、分光技术、分时技术、光栅技术以及全息技术。其中前三种技术的流程很相似，都是需要经过两次过滤，第一次是在显示器端，第二次是在眼睛端，如图 3-2 所示。

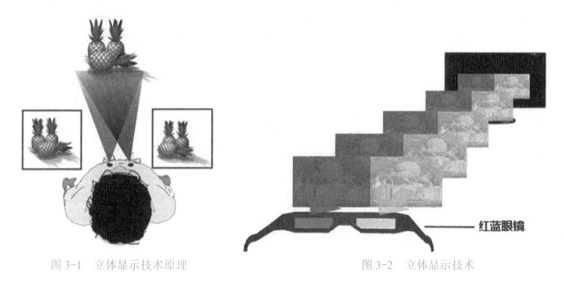

图 3-1　立体显示技术原理　　　　　　　　图 3-2　立体显示技术

1. 分色技术

分色技术的基本原理是让某些颜色的光只进入左眼，另一部分只进入右眼。显示器就是通过组合红、黄、蓝三原色来显示上亿种颜色的，计算机内的图像资料大多数也是用三原色的方式储存的。分色技术在第一次过滤时要把左眼画面中的蓝色、绿色去除，右眼画面中的红色去除，再将处理过的这两套画面叠合起来，但不完全重叠，左眼画面要稍微偏左边一些，这样就完成了第一次过滤。第二次过滤是观众戴上专用的滤色眼镜，眼镜的左边镜片为红色，右边镜片是绿色或蓝色。由于右眼画面同时保留了蓝色和绿色的信息，因此右边的镜片，不管是蓝色还是绿色都是一样的。

2. 分光技术

分光技术的基本原理是当观众戴上特制的偏光眼镜时，由于左、右两片偏光镜的偏振轴互相垂直，并与放映镜头前的偏振轴相一致。使观众的左眼只能看到左像，右眼只能看到右像，然后通过双眼汇聚功能将左右图像相叠合在视网膜上，由大脑神经产生三维立体的视觉效果。常见的光源都会随机发出自然光和偏振光，分光技术是用偏光滤镜或偏光片滤除特定角度偏振光以外的所有光，让 0° 的偏振光只进入右眼，90° 的偏振光只进入左眼（也可用 45° 和 135° 的偏振光搭配）。

3．分时技术

分时技术是将两套画面在不同的时间播放，显示器在第一次刷新时播放左眼画面，同时用专用的眼镜遮住观看者的右眼，下一次刷新时播放右眼画面，并遮住观看者的左眼。按照上述方法将两套画面以极快的速度切换，在人眼视觉暂留特性的作用下就合成了连续的画面。

4．光栅技术

在显示器前端加上光栅挡光，让左眼透过光栅时只能看到部分画面，右眼也只能看到另外一半画面，于是就能让左右眼看到不同影像并形成立体，此时无需佩戴眼镜。而光栅本身亦可由显示器所形成，也就是将两片液晶画板重叠组合而成，当位于前端的液晶面板显示条纹状黑白画面时，即可变成立体显示器；而当前端的液晶面板显示全白的画面时，不但可以显示 3D 影像，而且可以同时相容于现有的 2D 显示器，如图 3-3 所示。

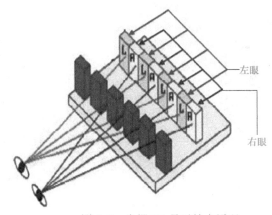

图 3-3　光栅 3D 显示技术原理

5．全息技术

计算机全息图是通过计算机的运算来获得的一个计算机图形的干涉图样，替代传统全息图物体光波记录的干涉过程，而全息图重构的衍射过程并没有原理上的改变，只是增加了对光波信息可重新配置的设备，从而实现不同的计算机静态、动态图形的全息显示。

3.1.2　立体图像再造

实时三维图形生成技术是用以增强场景图形的真实感和提高生成速度。目前该项技术已经较为成熟，其关键是如何实现"实时"生成。为了达到实时的目的，至少要保证图形的刷新率不低于 15 帧 /s，最好是高于 30 帧 /s。因此，在不降低图形的质量和复杂度的前提下，如何尽可能地提高刷新频率是该技术的主要研究方向。

3.2　环境建模技术

快速建模技术是近年来的新兴三维建模技术，其通过几何图形模型库、3D 扫描仪以及

Kinect深度照相机等技术手段与工具快速有效地对真实物体进行数据收集并转化为数字信号进行自动建模，可在虚拟世界展现真实世界中的场景，相比传统建模技术省略了许多复杂程序，建模效率得到极大提升，已成为场景建模的主要手段之一。快速建模过程中常通过次世代游戏技术及场景分块、可见消隐等方式对场景建模优化，以确保虚拟现实系统的运行效率与流畅性。

虚拟环境建模的目的在于获取实际三维环境的三维数据，并根据其应用的需要，利用获取的三维数据建立相应的虚拟环境模型。只有设计出反映研究对象的真实有效的模型，虚拟现实系统才有可信度。

基于目前的技术水平，常见的是三维视觉建模和三维听觉建模。在当前应用中，三维建模一般主要是三维视觉建模。三维视觉建模可分为几何建模、物理建模、行为建模和听觉建模。

3.2.1　几何建模技术

虚拟环境中的几何模型是物体几何信息的表示，设计表示几何信息的数据结构、相关的构造与操纵该数据结构的算法。虚拟环境包括两个方面，一是形状，二是外观。物体的形状是由构成物体的各个多边形、三角形和顶点等来确定的，物体的外观是由表面的纹理、颜色、光照系数等来确定的。

几何建模是开发虚拟现实系统过程中最基本、最重要的工作之一。虚拟环境中的几何模型是物体几何信息的表示，设计表示几何信息的数据结构、相关的构造与操纵该数据结构的算法。虚拟环境中的每个物体包含形状和外观两个方面。

几何建模通常可分为层次建模法和属主建模法，如图3-4所示。

几何建模可通过以下两种方式实现：

1）人工几何建模方法。

2）自动几何建模方法。

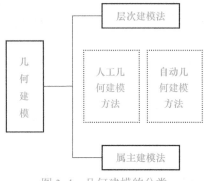

图3-4　几何建模的分类

案例演示（以下案例主要使用3ds Max 2018软件完成）

案例1：简单花朵的制作

本案例将制作一朵造型简单的花朵，其渲染效果如图3-5所示。

本案例将涉及二维图形的创建和编辑等操作。通过学习,可以了解二维图形的有关概念,掌握正多边形、圆等二维图形的创建方法、参数设置方法,初步认识 Edit Spline 编辑修改器和 Extrude 编辑修改器的功能。

图 3-5　简单花朵造型

1．创建正多边形

1）依次单击命令面板中的 和 （Shapes）按钮,在"Object Type"卷展栏中单击"NGon"（正多边形）按钮,这时,该按钮呈黄色显示,表示处于选中状态。

2）将鼠标指针移到 Top 视图中,按住左键后拖动鼠标,这时视图中出现一个正六边形（可通过设置改变边的数目）,在合适的位置放开鼠标左键,完成创建正多边形的操作。

2．设置多边形参数

1）确认刚创建的多边形处于被选中状态,然后在命令面板的"Name and Color"卷展栏中设置多边形的颜色为白色,名称为"多边形"。

2）在命令面板的"Rendering"卷展栏中选择"Renderable（可渲染）"复选项,如图 3-6 所示。

3）在"Parameters"卷展栏中设置"Radius（半径）"值为 40,改变多边形的大小。将"Sides（边数）"设为 14,将多边形变成正十四边形,如图 3-7 所示。

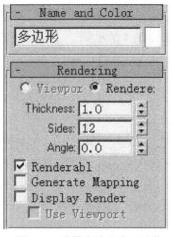

图 3-6　设置多边形为可渲染

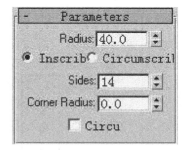

图 3-7　设置多边形的参数

3．将正多边形编辑成花瓣形状

1）保持正多边形为选中状态,单击命令面板上的 按钮,打开"Modify"（修改）命令面板。

2）单击"Modify"面板中的"Modifier List"（修改列表）列表框右侧的箭头按钮,从弹出的列表中选择"Edit Spline"（编辑样条）命令,所选择的编辑器出现在编辑修改器堆栈区域列表中,如图 3-8 所示。

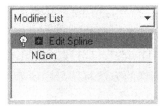

图 3-8　编辑样条

3）选择"Edit Spline"编辑修改器后，该编辑修改器的参数面板也出现在命令面板的下方。单击"Selection"卷展栏中的"Vertex"（节点）按钮 ，使它变成黄色显示。这时，从视图中可以看到多边形上出现了很多白色小十字图标，表示多边形各边相交的节点。其中带白色小框的十字图标表示多边形的起始点，如图 3-9 和图 3-10 所示。

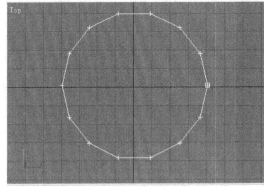

图 3-9　节点选择集

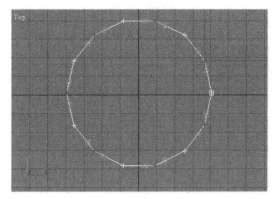

图 3-10　多边形上的节点

4）在 Top 视图中，单击多边形上的任一节点，该节点变成红色显示，表示选中了该节点。按住 <Ctrl> 键，按间隔一个节点的方式在多边形上选择节点，形成节点选择集。按 <Space> 键，锁定所选择的节点对象。

5）单击工具栏上的 按钮，再单击工具栏上的 按钮右下角箭头，从弹出的列表中选择 ，以节点选择集的中心作为变换中心准备对选择的节点对象进行缩放操作。

6）将光标移到 Top 视图中，按住鼠标左键后向下拖动，所选择的节点会跟随鼠标的移动而向内收缩，当到达适当位置后松开鼠标左键，得到如图 3-11 和图 3-12 所示的效果。

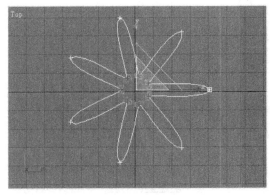

图 3-11　平分线段后的效果

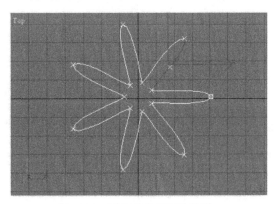

图 3-12　缩放节点得到的造型

7）单击"Selection"卷展栏中的"Segment"（线段）按钮，进入线段编辑状态。然后在 Top 视图中单击构成多边形的任意一条线段，该线段呈红色显示，表示选中了该线段。再单击"Geometry"卷展栏中的"Divide"（分段）按钮，即在该线段中间增加了一个节点，将该线段平分成了两条线段，按同样的方法将图形中所有的线段都平分成两段。

8）单击"Selection"卷展栏中的█按钮，回到节点编辑状态。然后在 Top 视图中单击选择一个新增加的节点。

9）单击工具栏上╋按钮，在 Top 视图中按住鼠标左键拖动，选择的节点会随之移动，同时线条的形状跟着发生变化，如图 3-13 所示。

10）按同样的方法移动所有线段上中间节点的位置以调整多边形的形状，使之变成更为生动的花瓣造型，如图 3-14 所示。

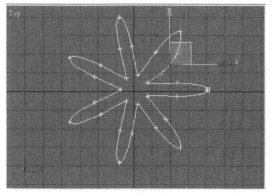
图 3-13 花瓣造型

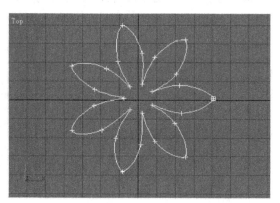
图 3-14 移动节点位置后的效果

4．制作花蕊

1）单击"Create / Shapes"面板上的"Circle"（圆）按钮，使它变成黄色显示。

2）将鼠标移到 Top 视图，按住鼠标左键拖动，创建一个圆形。

3）设置圆形的颜色为粉红色，并在"Rendering"卷展栏中选择"Renderable"和"Display Render Mesh"两个复选项。

4）将圆形移到花瓣的中心位置，并调整其大小刚好与花瓣底部节点相连，如图 3-15 和图 3-16 所示。

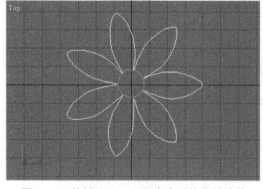
图 3-15 使用"Extrude"命令后的花瓣效果

图 3-16 创建圆形后的效果

5．使用"Extrude"编辑器将二维图形变成三维图形

1）在 Top 视图中单击命令面板上的"Modify"按钮，打开"Modify"命令面板。再单击"Modifier List"列表框右侧的箭头按钮，从弹出的列表中选择"Extrude"命令。可看到"Perspective"视图中花瓣轮廓线内也填充了白色，得到了花瓣效果。

2）在 Top 视图中选择圆形，制作花蕊效果。

3）至此，即制作完成了一朵简单的花朵。单击工具栏上的 ◉ 按钮，将场景中的图形进行渲染，得到图 3-5 所示的渲染效果。

案例2：回形针的制作

1）利用顶视图（快捷键 <T>）用图形工具画出一个图形。

选择"线"开始在顶视图进行绘制，如图 3-17 所示。

在绘制的同时按住 <Shift> 键可绘制直线，绘制的顺序可以由里往外，也可以由外往里，如图 3-18 所示。

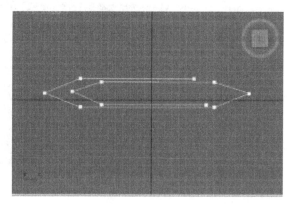

图 3-17　绘制选择界面　　　　　　　　　　图 3-18　绘制界面

2）图形绘制好以后，进入修改器，选择"顶点"（黄色标识）：此时图形上会有各个点，如图 3-19 所示。

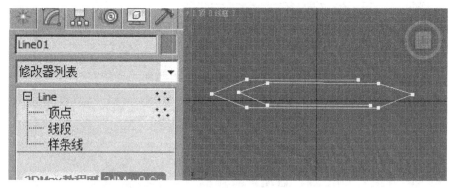

图 3-19　修改器

在顶点处单击鼠标右键选择移动进行微调，主要看直线是否直。调整好之后，利用圆角工具将曲别针的两端修改成圆角：选择两端的顶点，在右边几何体工具栏中找到圆角工具，可以在文本框中输入数值，或者利用鼠标滑动它的微调器，一直滑到不能够再进行拖动为止。此时，原来的尖角已经变为圆角，如图3-20所示。

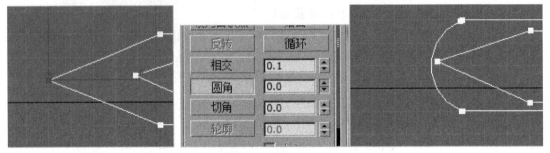

图 3-20　微调

3）将进行圆角处理后的顶点进行熔合和焊接处理，圆角处理后会发现顶点处是两个顶点，放大图形就可发现，如图3-21所示。

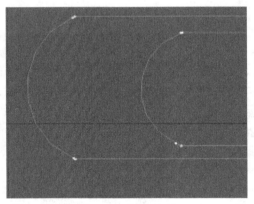

图 3-21　圆角处理

将这些顶点进行熔合和焊接处理以方便下一步操作，可按 <W> 键，转换为可移动模式。先选中要处理的顶点，在右边几何体工具栏中找到"熔合"和"焊接"，先单击"熔合"按钮然后再单击"焊接"按钮，如图3-22所示。

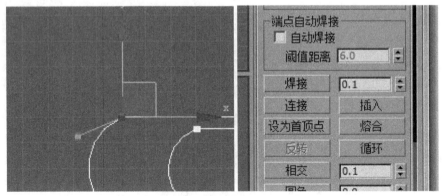

图 3-22　熔合和焊接处理

共有 6 个点要进行处理。注意：熔合是将其中两个顶点进行的，所以选择时要注意选中两个。

4）全部都处理完之后，选中 4 个顶点，这 4 个顶点中红色显示的（先选中其中一个，然后按住 <Ctrl> 键将其余 3 个也选中），如图 3-23 所示。

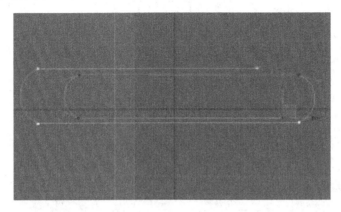

图 3-23　选择 4 个顶点

开始向上拖动，如图 3-24 所示。

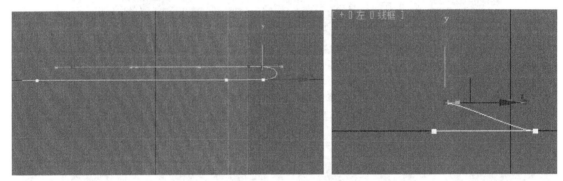

图 3-24　拖动顶点

5）在前视图中拖动鼠标框住如图 3-25 的两个点，将其选中。

注意：在前视图中看到好像是一个点，实际上在透视图中可以看到选中的是两个点。

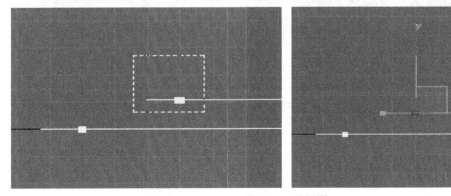

图 3-25　透视图

选中之后单击鼠标右键将它们转换为 Bezier 角点，如图 3-26 所示。

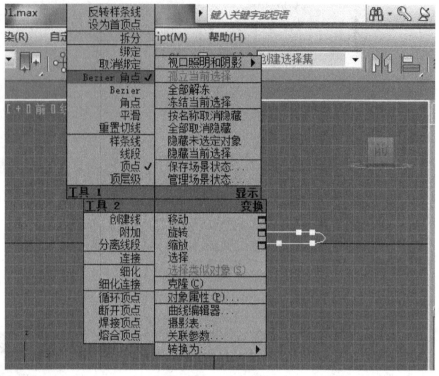

图 3-26　Bezier 角点

然后就可调节两个绿点，也可在透视图中调节，如图 3-27 所示。

注：如果转换为 Bezier 角点之后调节不了，则看一看上面的工具栏里是否选中了这个标识。

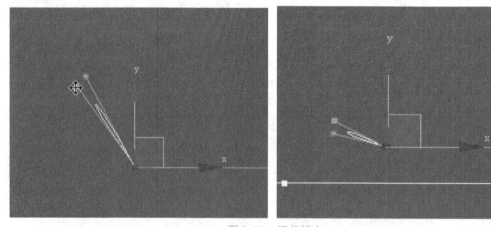

图 3-27　调节绿点

也可在视图中调节，如图 3-28 所示。

6）渲染调节好，切换到透视图放大看一看效果，满意之后退出顶点选择，选中整个图形，在右边工具栏中找到渲染，如图 3-29 所示。

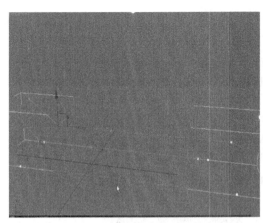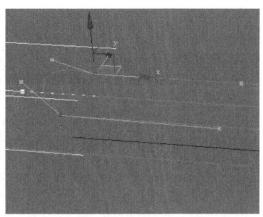

图 3-28 视图调节

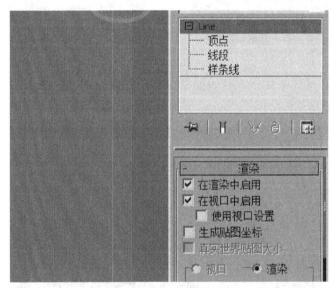

图 3-29 工具栏

两个点都选中，然后在下面的径向中调节比较合适的大小及粗细。

注意：各方面都调节好之后，会发现这个地方不自然，如图 3-30 所示。

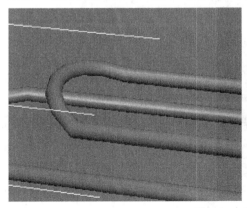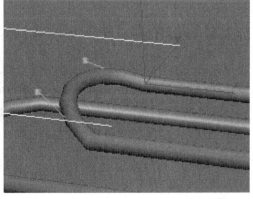

图 3-30 不自然的地方

可利用圆角工具调节，步骤与第 2）步一样，选择要处理的两个顶点，在右边几何体工具栏中找到圆角工具，可以在文本框中输入数值，或者利用鼠标滑动它的微调器进行微调。

微调之后如图 3-31 所示。

在右边的工具栏找到插值工具（在渲染工具栏的下面），输入参数值，如图 3-32 所示。

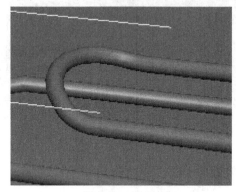

图 3-31　微调

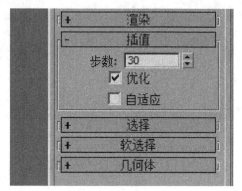

图 3-32　参数值

这一步主要是进行效果优化，让模型更加真实。调好之后可将边面效果关闭。按 <F9>键渲染效果图，如图 3-33 所示。

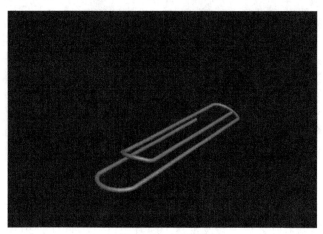

图 3-33　效果图

3.2.2　物理建模技术

物理建模指的是虚拟对象的质量、惯性、表面纹理（光滑或粗糙）、硬度、变形模式（弹性或可塑性）等特征的建模。物理建模是虚拟现实系统中比较高层次的建模，它需要物理学与计算机图形学配合，涉及力的反馈问题，主要是质量建模、表面变形和软硬度等物理属性的体现。

1．分形技术

分形技术是指可以描述具有自相似特征的数据集。该技术首先被用于河流和山体的地理特征建模，在虚拟现实系统中一般仅用于静态远景的建模。

2．粒子系统

粒子系统是一种典型的物理建模系统，粒子系统是用简单的体素完成复杂的运动建模。在虚拟现实系统中，粒子系统常用于描述火焰、水流、雨雪、旋风、喷泉等现象及动态运动的物体建模。

案例演示

案例1：足球的制作

其效果如图3-34所示。

步骤如下：

1）打开建模工具。

2）在"创建"面板 中选择几何体 下的"扩展基本体"选项，然后单击"异面体"按钮，如图3-35所示。

图3-34　足球效果图

图3-35　"创建"面板

3）在视图中创建一个异面体，如图3-36所示。

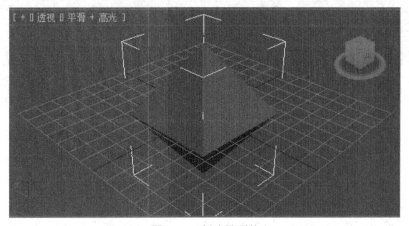

图3-36　创建异面体

4）进入"修改"面板 中的"参数"卷展栏，在"系列参数"中选择"十二体/二十面体"单选按钮，将 P 值改为 0.37，效果如图 3-37 和图 3-38 所示。

图 3-37 "修改"面板参数卷展栏

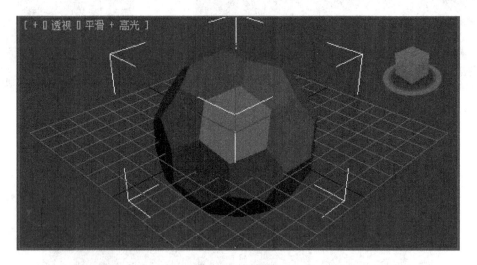

图 3-38 效果图

5）在"修改器列表"下拉列表中选择"编辑网格"修改器，如图 3-39 所示。

6）选择"多边形"子层级，在视图中单击刚才所做的球体，按 <Ctrl+A> 组合键，全选球体的所有多边形，如图 3-40 和图 3-41 所示。

7）在"编辑几何体"面板中选择"炸开"选项，并选择"元素"单选按钮，如图 3-42 所示。

8）在"修改器列表"下拉列表中选择"网格平滑"修改器，如图3-43和图3-44所示。

图 3-39 "修改器列表"

图 3-40 编辑网格

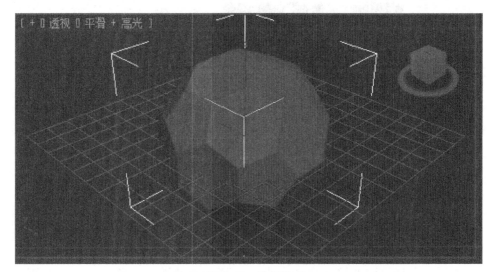

图 3-41 效果图

图 3-42 "编辑几何体"

图 3-43 "网格平滑"修改器

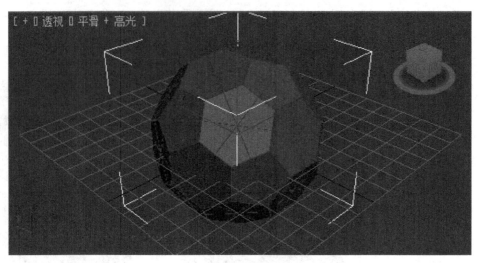

图 3-44　效果图

9）选择"修改器"→"自由形式变形器"→"球形化"命令，如图 3-45 和图 3-46 所示。

修改器	动画　图形编辑器　渲染	影响区域
选择 (S)	▶	弯曲 (B)
面片 / 样条线编辑 (P)	▶	置换
网格编辑 (M)	▶	晶格
转化	▶	镜像
动画 (A)	▶	噪波
Cloth	▶	Physique
Hair 和 Fur	▶	推力
UV 坐标 (U)	▶	保留
缓存工具 (C)	▶	松弛
细分曲面 (B)	▶	涟漪
自由形式变形器 (F)	▶	壳
参数化变形器 (D)	▶	切片
曲面 (R)	▶	倾斜
NURBS 编辑 (N)	▶	拉伸
光能传递 (D)	▶	球形化
摄影机	▶	挤压

扭曲 (W) / 锥化 (T) / 替换 / 变换 / 波浪

图 3-45　"球形化"

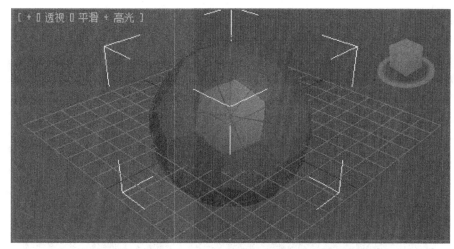

图 3-46　效果图

10）再在"修改器列表"下拉列表中选择"体积选择"修改器并在参数选项中选择"面"
单选按钮，如图 3-47 和图 3-48 所示。

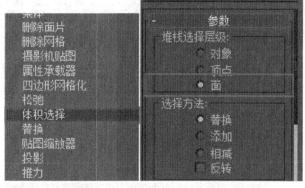

图 3-47　"体积选择"修改器

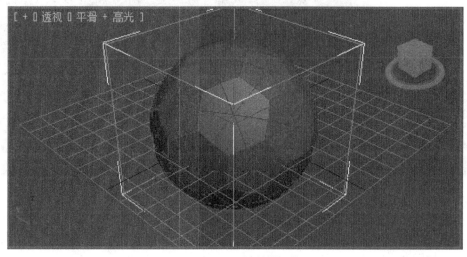

图 3-48　效果图

11）为球体增加一个"面挤出"修改器并将"数量"参数设置为 1，如图 3-49 和图 3-50 所示。

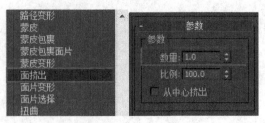

图 3-49 "面挤出"修改器

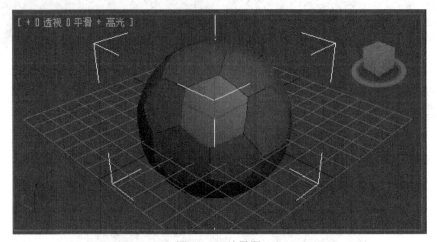

图 3-50 效果图

12）为球体增加一个"网格平滑"修改器，并把细分方法设置为"四边形输出"，如图 3-51 和图 3-52 所示。

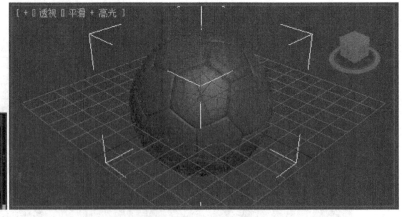

图 3-51 增加"网格平滑"修改器   图 3-52 效果图

13）打开"材质编辑器" ，选择一个空材质球，将材质指定给球体，如图 3-53 所示。

14）单击"材质编辑器"中的"Standard"按钮，在弹出的对话框中选择"多维/子对象"材质，如图 3-54 所示。

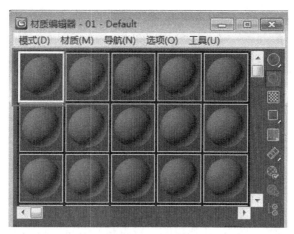

图 3-53 "材质编辑器"

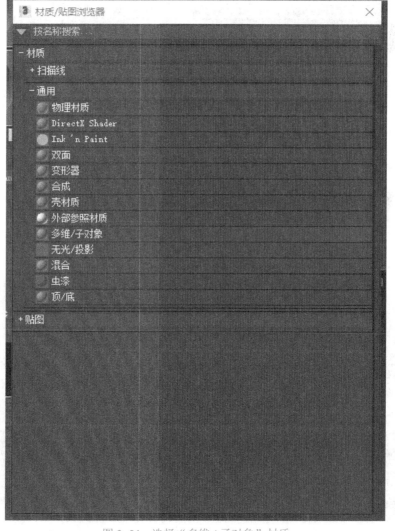

图 3-54 选择"多维／子对象"材质

15）在弹出的"替换材质"对话框中选择"丢弃旧材质"单选按钮，然后单击"确定"按钮，如图 3-55 所示。

图 3-55 "替换材质"对话框

16）单击"设置数量"按钮，在弹出的"设置材质数量"对话框中设置材质数量为 2，然后单击"确定"按钮，如图 3-56 所示。

图 3-56 "设置材质数量"对话框

17）将材质 ID1 设置为黑色，材质 ID2 设置为白色，如图 3-57 和图 3-58 所示。

图 3-57 设置材质 ID1

图 3-58 设置材质 ID2

18）在顶视图中创建一个平面物体，并调整该平面到球体的下方，如图 3-59 所示。

图 3-59　建立物体

19）再次打开"材质编辑器"，选择一个空材质球指定给平面，将漫反射颜色设置为绿色，如图 3-60 和图 3-61 所示。

20）添加一盏目标聚光灯，打开"阴影"选项。再添加一架摄像机，将透视图转变为摄像机视图，调整摄像机视图角度。

21）渲染输入足球制作完成，如图 3-62 所示。

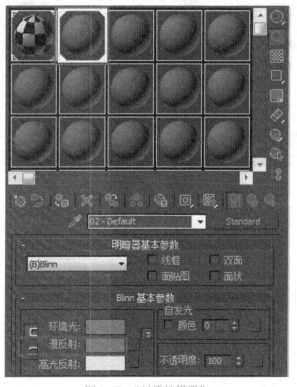

图 3-60　"材质编辑器"

图 3-61　效果图

图 3-62　渲染输入

案例 2：火焰的制作

1. 建模

单击"Super Spray"按钮，在"顶视图"（Top）中按住鼠标左键并拖动，这时一个"Super Spray"粒子发射器已初步建立好了，拖拉时间滑块，可以看到粒子以直线状从"Super Spray"图标处向上射出。

进入"Modify"（修改）命令面板，在"Basic Parameter"（基本参数）栏中找到"Particle Formation（粒子分布）"区域，将两个"Spread"（扩散）参数分别改为 20 和 80。现在粒子看上去是以一种随机的方式散播开了。

在"Particle Type"（粒子类型）卷展栏中，找到"Standard Particle"（标准粒子）区域，

将粒子类型改为"Facing"（面）。

展开"Particle Generation"（粒子生成）卷展栏，设置参数如下："Particle Motion"（粒子运动）区域"Speed"为3，"Variation"为5；"Particle Timing"（粒子时间）区域"Emit Start"为0，"Emit Stop"为100，"Display Until"为100，"Life"为30，"Variation"为5；"Particle Size"（粒子大小）区域"Size"为8，"Variation"为20，"Grow for"为10，"Fade for"为10，如图3-63～图3-65所示。

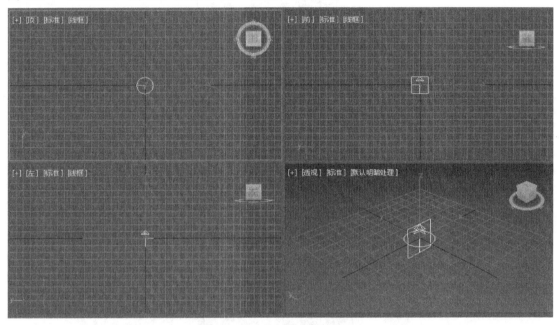

图 3-63 建立超级喷射粒子 AX

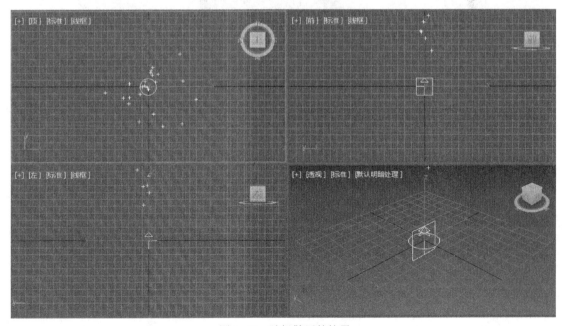

图 3-64 随机散开的粒子

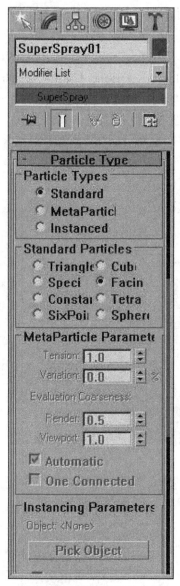

图 3-65　设置粒子运动参数

2．为粒子赋材质

选择"Radering"→"Material Editor"命令或按 <M> 键，打开"材质编辑器"，激活一个示例球，将它赋予场景中的超级喷射粒子。

单击展开"Maps"（贴图）卷展栏，单击"Opacity"（不透明度）右边的"None"按钮，在弹出的"Material/Map Browser"（材质/贴图浏览器）面板中双击选择"Gradient"。

贴图可以使粒子中间部分看上去更像实体，向边缘逐渐变得透明。回到"Material Editor"面板，在"Gradient Parameter"（梯度参数）卷展栏中将"Gradient Type"（渐变类型）改为"Radial"（放射状），如图 3-66 所示。

单击"Default"（回到父级）按钮选项，在"Shader Basic Parameters"（明暗器基本参

数）卷展栏中，选中"Face Map"（面贴图），这样可以使梯度贴图应用到每一片粒子。

在"Blinn Basic Parameters"卷展栏中将"Self Illumination"（自发光）值改为100。将"Diffuse"（漫反射）颜色改为 R、G、B 值都为 180 的浅灰色，如图 3-67 所示。

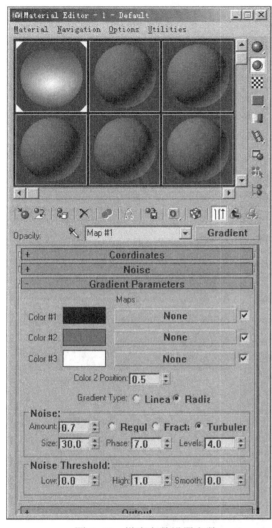

图 3-66 梯度参数设置参数

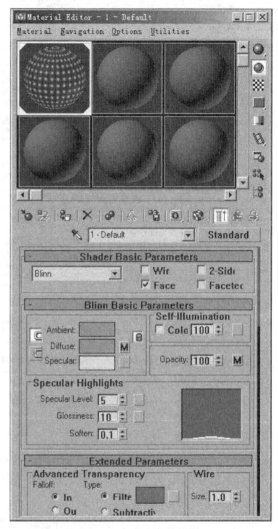

图 3-67 自发光参数设置

在"Maps"卷展栏中，单击"Diffuse"（漫反射）右边的"None"按钮，在弹出的"Material/Map Browser"（材质 / 贴图浏览器）面板中双击选择"Particle Age"（粒子年龄）贴图。"Particle Age"贴图可以依照每个粒子的寿命来改变它们的颜色。一个粒子刚"出生"时的寿命为 0，当它刚要消失时年龄为 100。

回到"Material Editor"面板，在"Particle Age parameters"卷展栏中将 Color #1、Color #3 颜色调整为火红色，Color #2 颜色调整为亮黄色，如图 3-68 所示。

为了得到更逼真的效果，添加运动模糊特性，选择"超级喷嘴"，单击鼠标右键，在弹出的快捷菜单中选择"对象属性"命令，在"运动模糊"选中"图像"单选按钮，"倍增"为 3，如图 3-69 所示。

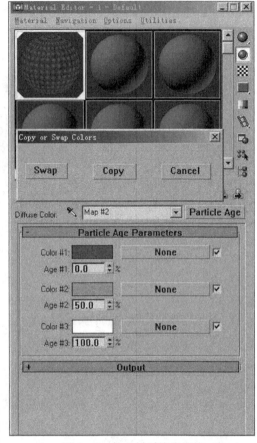

图 3-68　粒子材质渲染完毕

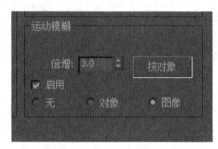

图 3-69　"运动模糊"设置

3．渲染

激活透视图，选择"Randering"→"Rander"命令或按 <F10> 键，在弹出的"Rander Scene"面板中的"Time Output"框中，选择"Range"（范围）0～100 帧。在"Rander Output"框中，单击"File"按钮，在弹出的对话框中设定好动画格式和存放路径，渲染动画效果如图 3-70 所示。

图 3-70　渲染完毕

3.2.3 行为建模技术

虚拟现实的本质就是客观世界的仿真或折射，虚拟现实的模型则是客观世界中物体或对象的代表。而客观世界中的物体或对象除了具有表观特征如外形、质感以外，还具有一定的行为能力，并且服从一定的客观规律。

在虚拟环境行为建模中，建模方法主要有基于数值插值的运动学方法与基于物理的动力学仿真方法。

案例演示

案例1：蝴蝶动画的制作

1）找到一张蝴蝶素材，如图3-71所示。

图3-71 蝴蝶素材

2）启动3ds Max，按<Alt+B>组合键打开"视口背景"对话框，选择蝴蝶素材作为顶视图视口背景。如图3-72所示。勾选下面的选项。

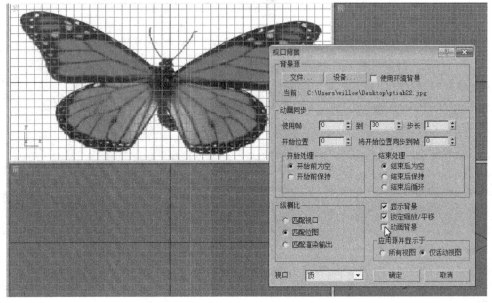

图3-72 "视口背景"对话框

3）按快捷键 <G> 取消栅格显示。

4）用二维线绘制蝴蝶右侧的翅膀，如图 3-73 所示。

图 3-73 绘制右侧的翅膀

5）添加"挤出"修改器，挤出翅膀厚度，参数如图 3-74 所示。

6）用相同的方法将另一侧的翅膀创建出来，效果如图 3-75 所示。

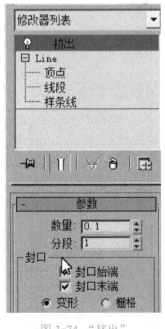

图 3-74 "挤出"

图 3-75 绘制翅膀

7）接下来绘制蝴蝶身体部分。创建一个大小跟素材类似的长方体，长度分段为 5，如图 3-76 所示。

图 3-76　长度分段

8）给长方体增加"编辑多边形"，在顶点级别下用缩放工具改变长方体的形状，如图 3-77 所示。

图 3-77　改变长方体的形状

9）增加"网格平滑"，"迭代次数"为 2，完成身体的制作，如图 3-78 所示。

图3-78 "网格平滑"

10）用二维线绘出触角部分，如图3-79所示。

11）在"修改"面板下勾选相关选项，并设置"厚度"为0.1，将触角的二维线转成三维对象，如图3-80所示。

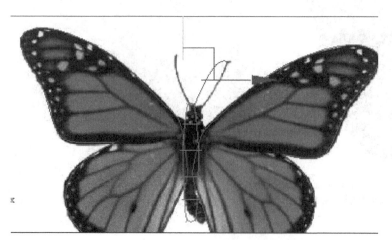

图3-79 绘制触角

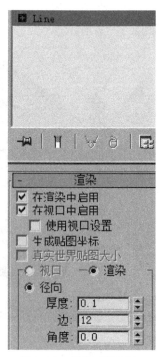

图3-80 设置"厚度"

12）完成蝴蝶整体建模，如图 3-81 所示。

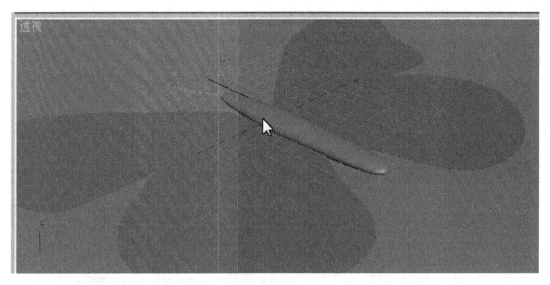

图 3-81　完成整体建模

13）选中所有对象，编组，如图 3-82 所示。

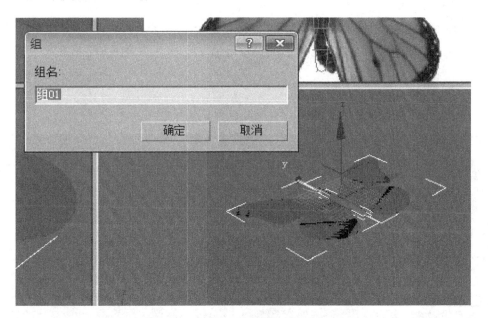

图 3-82　编组

14）按快捷键 <M>，打开"材质编辑器"，如图 3-83 所示。

15）单击漫反射贴图方块，选择位图贴图方式，贴上蝴蝶素材，如图 3-84 所示。

16）将材质指定给选定对象，给模型附上材质，这时效果如图 3-85 所示。

17）添加 UVW 贴图，并更改长度、宽度值，使贴图跟模型刚好匹配，如图 3-86 所示。

虚拟现实技术概论

图 3-83 "材质编辑器"

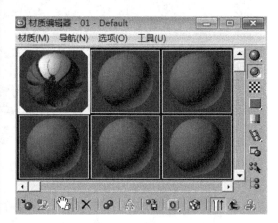

图 3-84 贴图

图 3-85 赋予材质

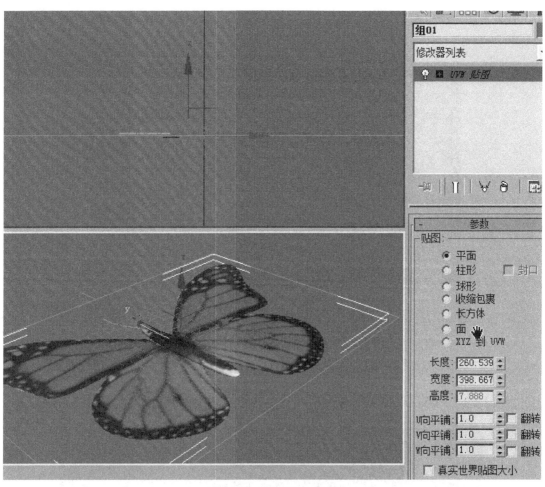

图 3-86 添加 UVW 贴图

接下来制作动画。

18）解组，分别选中一侧翅膀，单击"层次"面板，单击"仅影响轴"按钮，将中心轴移动，如图 3-87 所示位置。

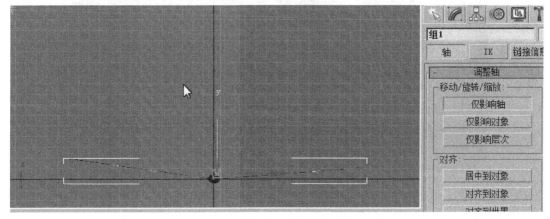

图 3-87 解组

19）关闭"仅影响轴"。

20）单击"自动关键点"按钮，如图 3-88 所示。

图 3-88 "自动关键点"

21）将翅膀调成图 3-89 所示的状态，并在 0 帧设置关键点，如图 3-89 所示。

图 3-89 设置关键点

22）将时间轴移到第 3 帧，用旋转工具分别旋转两侧的翅膀，效果如图 3-90 所示。

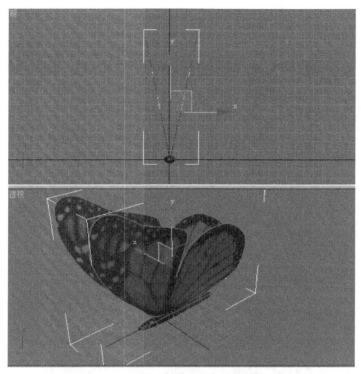

图 3-90 旋转 1

23）将时间轴移到第 6 帧，用旋转工具分别旋转两侧的翅膀，效果如图 3-91 所示。

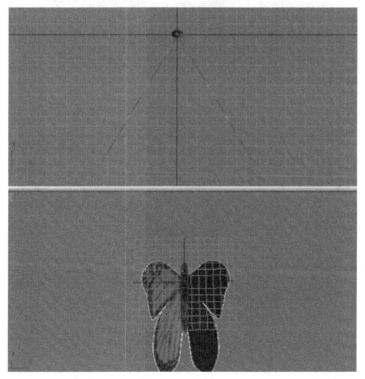

图 3-91 旋转 2

24）用同样的方式完成蝴蝶舞动翅膀的动作。

25）按快捷键 <F8>，打开"环境和效果"对话框，如图 3-92 所示。

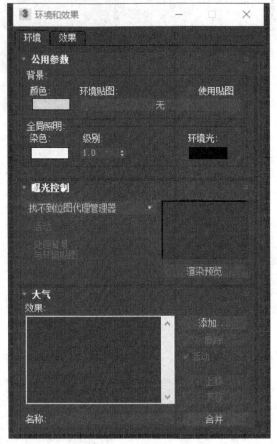

图 3-92　打开"环境和效果"对话框

26）单击环境贴图，贴上一张花朵素材，效果如图 3-93 所示。

图 3-93　贴图

27）按快捷键 <F10>，打开渲染设置面板，设置时间输出长度及视频输出文件格式，如图 3-94 和图 3-95 所示。

图 3-94　渲染设置 1

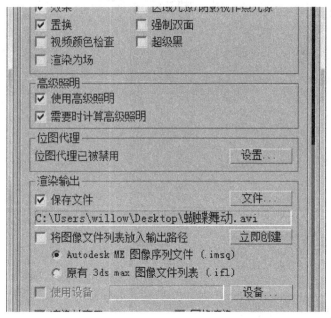

图 3-95　渲染设置 2

28）单击"渲染"按钮，完成。

案例 2：喷泉动画的制作

首先观察实际喷泉效果，如图 3-96 所示。

图 3-96　实际喷泉效果

1）建立圆柱体制作喷泉的池子，高度可以采用 5 段，边数可以设置多一些，如图 3-97
所示。

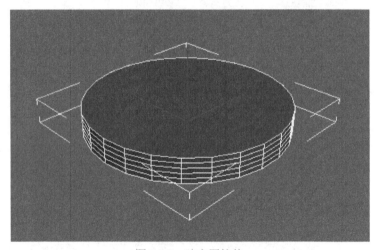

图 3-97　建立圆柱体

2）转化为多边形，选择上环形边，单击"窗口 / 交叉"按钮，如图 3-98～图 3-100 所示。

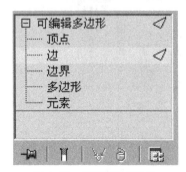

图 3-98　"可编辑多边"

图 3-99　"窗口 / 交叉"按钮

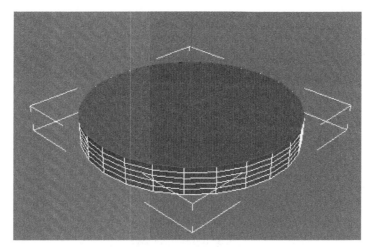

图 3-100　效果图 1

3）使用切角切出双线，然后用挤压挤压出水槽，如图 3-101 ~ 图 3-103 所示。

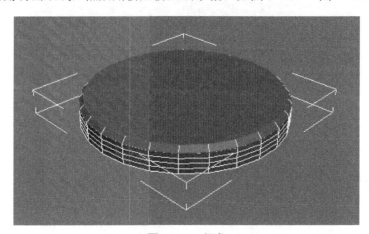

图 3-101　切角

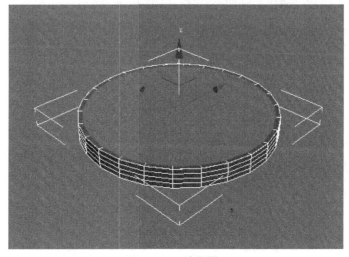

图 3-102　效果图 2

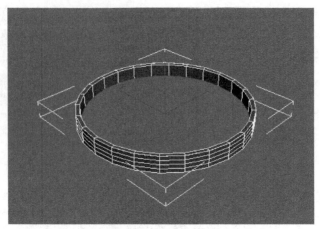

图 3-103　效果图 3

4）创建管状体作为喷泉喷射的导管，调节内外半径，使其大小合适，如图 3-104 所示。

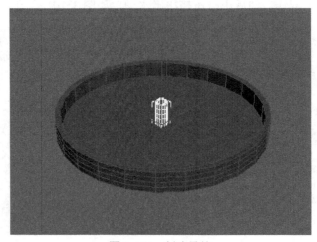

图 3-104　创建导管

5）根据情况，创建平面作为地面，如图 3-105 所示。

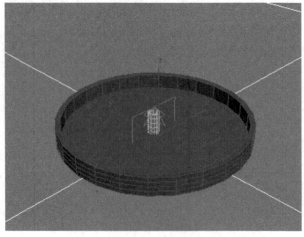

图 3-105　创建平面

6) 创建"粒子系统"→"超级喷射",如图 3-106 和图 3-107 所示。

图 3-106 超级喷射

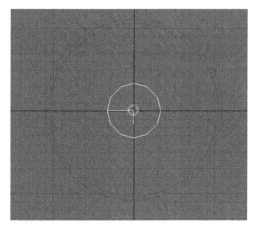

图 3-107 效果图 4

7) 此时滑动时间滑块会有喷射效果产生,如图 3-108 所示。

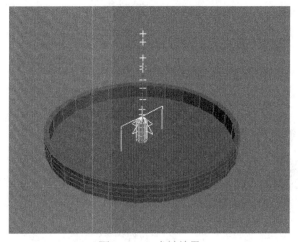

图 3-108 喷射效果

8) 开始设置超级喷射参数。

"轴偏离"中的"扩散"是指喷泉的粗细。

"平面偏离"→"扩散"选择 10.0,如图 3-109 所示。

选中"视口显示"→"网格",如图 3-110 所示。

"粒子数量"可以设置多点,如图 3-111 所示。

图 3-109 扩散

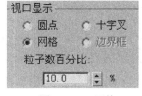

图 3-110 网格

图 3-111 粒子数量

"粒子运动"→"速度"决定喷泉高度，如图 3-112 所示。

将"发射开始"设为 –20，将"发射停止"设为 120，将"显示时限"设为 120，如图 3-113 所示。

粒子类型选择面。

9）选择"创建面板"→"辅助对象"→"重力"命令，如图 3-114 和图 3-115 所示。

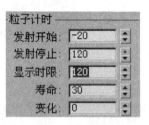

图 3-112　粒子运动　　　　　图 3-113　设置时间　　　　　图 3-114　重力

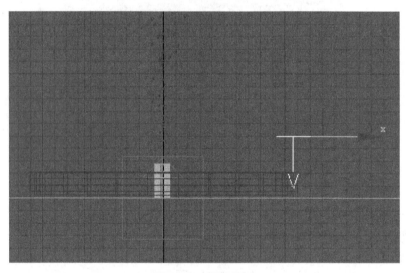

图 3-115　效果图 5

10）单击"绑定到空间扭曲"按钮，如图 3-116 所示。

将喷泉和重力绑定，绑定前，如图 3-117 所示。

图 3-116　"绑定到空间扭曲"

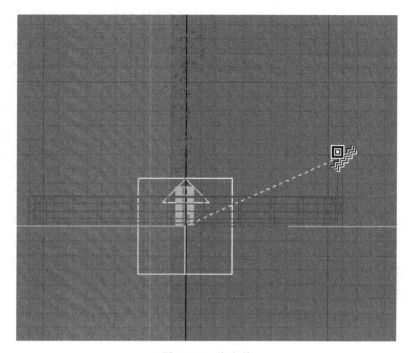

图 3-117　绑定前

绑定后，如图 3-118 所示。

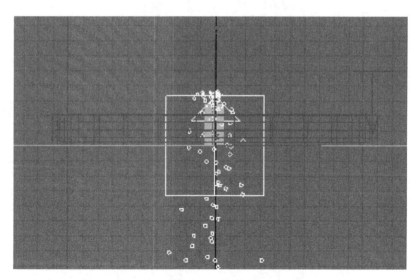

图 3-118　绑定后

11）调整重力参数，强度大小，使其有喷上去落下的效果，如图 3-119 所示。

12）此时再次调整超级喷射和重力对应的参数使之匹配。

13）打开"材质编辑器"，如图 3-120 所示。

14）将漫反射贴图设置为"遮罩"，如图 3-121 所示。

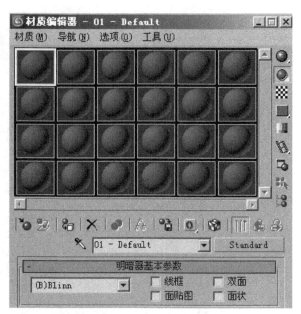

图 3-120　打开"材质编辑器"

图 3-119　调整重力参数，强度大小

图 3-121　选择"遮罩"

15）在"遮罩"参数里选择"渐变"。

"渐变类型"设置为"径向"，如图 3-122 ～图 3-125 所示。

图 3-123 选择"渐变"

图 3-122 "遮罩"参数设置

图 3-124 设置

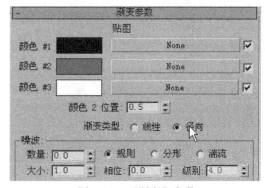

图 3-125 "渐变"参数

16）复制到不透明贴图，如图 3-126 所示。

17）复制到自发光贴图，如图 3-127 所示。

18）打开双面和面伏，如图 3-128 所示。

19）将材质赋予超级喷射，如图 3-129 所示。

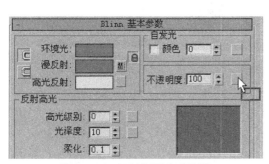

图 3-126 复制到不透明贴图

图 3-127 复制到自发光贴图

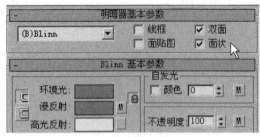

图 3-128　打开双面和面伏

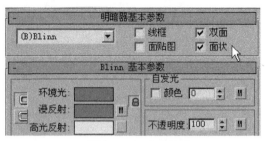

图 3-129　赋予材质

20）打开"曲线编辑器"。

在"喷泉"→"速度"里添加"指定控制器"，如图 3-130 和图 3-131 所示。

21）在"指定控制器"中选择"噪波浮点"，如图 3-132 所示。

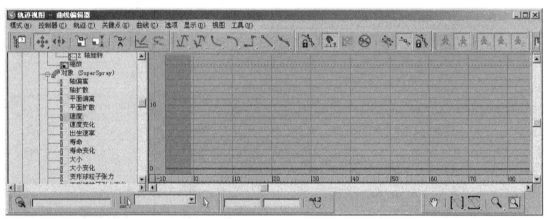

图 3-130　"曲线编辑器"

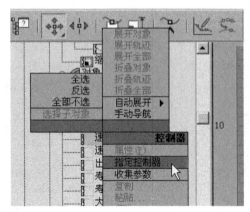

图 3-131　"指定控制器"

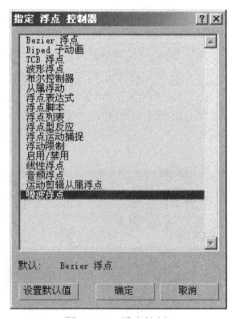

图 3-132　浮点控制

噪波的参数一定要选择">0"，并且调整"强度"，如图 3-133 所示。

这样会产生一阵一阵的喷泉。

22）增加"运动模糊"，完成设置，如图 3-134 所示。

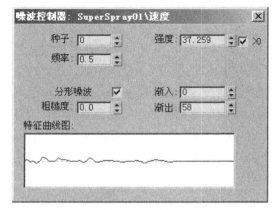

图 3-133 噪波设置

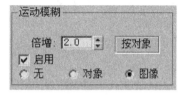

图 3-134 "运动模糊"

23）单帧完成效果，如图 3-135 所示。

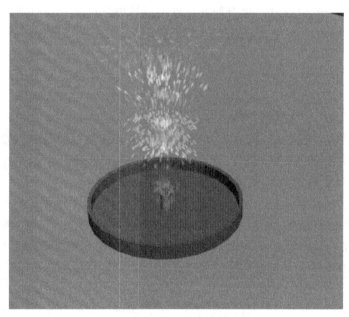

图 3-135 完成效果

3.3 三维虚拟声音的实现技术

三维虚拟声音不是立体声的概念，而是由计算机生成的、能由人工设定声源在空间中的三维位置的一种合成声音。这种声音技术不仅考虑到人的头部、躯干对声音反射所产生的影响，还对人的头部进行实时跟踪，使虚拟声音能随着人的头部运动相应变化，从而能够得到逼真的三维听觉效果。

二维虚拟声音处理包括声音合成、3D 声音定位和语音识别。在虚拟环境中，一般不能仅依靠一种感觉，错综复杂的临场感通常需要用到立体声。为此需要设置静态及动态噪声源，并创建一个动态的声学环境。在 VR 应用中，这个问题甚至比实时处理数据更重要，因为当进入信息流影响数据库状态时，用声音来提醒用户至关重要。

虚拟环境产生器中的声音定位系统利用声音的发生源和头部位置及声音相位差传递函数来实时计算出声音源与头部相对位置发生变动时的变化。声音定域系统可采集自然或者合成声音信号并使用特殊处理技术在 360°的球体中空间化这些信号。例如，可以产生诸如"滴答"的声音并将其放置在虚拟环境中的准确位置，参与者即使头部运动时也能感觉到这种声音保持在原处不变。为了达到这种效果，声音定域系统必须考虑参与者两个"耳廓"的高频滤波特性。参与者头部的方向对于正确地判定空间化声音信号起到重要的作用。因此，虚拟环境产生器主要为声音定域装置提供头部的位置和方向信号。

3.3.1　三维虚拟声音的特征

VR 系统中的三维虚拟声音使听者能感觉到声音是来自围绕听者双耳的一个球形空间中的任何地方，即声音可能来自于头的上方、后方或者前方。如战场模拟训练系统中，当用户听到了对手射击的枪声时，他就能像在现实世界中一样准确而且迅速地判断对手的位置，如果对手在他身后，则听到的枪声就是从后面发出的。三维虚拟声音的特征主要有三个：全向三维定位特性、三维实时跟踪特性以及沉浸感与交互性。全向三维定位特性（3D Streering）指在三维虚拟环境中把实际声音信号定位到特定虚拟声源的能力。在三种虚拟空间中，能使用户能准确地判断声源的精确位置，符合人们在真实环境中的听觉方式，如同在现实世界中人们一般先听到声响，然后再去看这个地方。三维虚拟声音系统不仅允许人们根据注视的方向，而且可根据所有可能的位置来监视和识别各信息源。可见，三维虚拟声音系统能提供粗调的机制，用以引导较为细调的视觉注意。在受干扰的可视显示中，用听觉引导肉眼对目标的搜索要优于无辅助手段的肉眼搜索，即使是对处于视野中心的物体也是如此，这就是声学信号的全向三维定位特性。三维实时跟踪特性（3D Real-Time Localization）指在三维虚拟环境中实时跟踪虚拟声源位置变化或虚拟影像变化的能力。当用户头部转动时，这个虚拟的声源的位置也应随之变化，使用户感到真实声源的位置并未发生变化。而当虚拟发声物体移动位置时，其声源位置也应有所改变。只有保持声音效果与实时变化的视觉一致，才能产生视觉与听觉的叠加和同步效应。如果三维虚拟声音系统不具备这样的实时变化能力，看到的景象与听到的声音会相互矛盾，听觉就会削弱视觉的沉浸感。三维虚拟声音的沉浸感就是指加入三维虚拟声音后，能使用户产生身临其境的感觉，这可以更进一步使人沉浸在虚拟环境中，有助于增强临场效果。而三维声音的交互特性是指随着用户变化发生的临场反应和实时响应的能力。

3.3.2　语音识别技术

VR 的语音识别系统让计算机具备人类的听觉功能，使人—机以语言这种人类最自然的方式进行信息交换。必须根据人类的发声机理和听觉机制，给计算机配上"发声器官"和"听觉神经"。当参与者对微音器说话时计算机将所说的话转换为命令流，就像从键盘输入命令一样。在 VR 系统中，最有利的也是最难的是语音识别。

VR 系统中的语音识别装置，主要用于合并其他参与者的感觉道（听觉道、视觉道）。语音识别系统在大量数据输入时，可以进行处理和调节，像人类在工作负担很重的时候将暂时关闭听觉道一样。不过在这种情况下，将影响语音识别技术的正常使用。

语音识别与合成是计算机语音技术的两个重要方面。语音识别就是让计算机识别用户的语音命令甚至会话内容。它主要包括采样、确定输入信号的起始端或终止端、由数字滤波器计算语音谱、音调、分解输入信号、单词识别和对输入信号做出响应七个基本过程。目前主流的语音识别技术是基于统计模式的识别。一个完整的语音识别系统可大致分为 3 部分：语音特征提取、声学模型与模式匹配、语言模型与语言处理。

3.3.3　语音合成技术

语音合成（Speech Synthesis）是指由人工通过一定的机器设备产生出语音。语音合成是一门跨学科的技术，它涉及声学、语言学、心理学、数字信号处理、人工智能、计算机科学等多个学科技术，是信息处理领域的一项前沿技术，它的研究将推动相关学科的进步和发展。目前语音合成技术已是世界强国竞相研究的热点之一，国内外很多科研机构致力于此项技术的研究。近 20 年来，语音合成技术取得了显著进步，开始从实验室走向市场。语音合成技术将进入工业、家电、通信、汽车电子、医疗、家庭服务、消费电子产品等各个领域。特别是随着计算机技术、多媒体技术以及人工智能技术的不断发展，语音合成技术作为一种新的信息传递技术逐渐被计算机产品或其他电子产品所使用，以新的技术应用在人机交互介质中。具体方法是利用计算机将任意组合的文本转化为声音文件，并通过声卡、电话语音卡等多媒体设备将声音输出的技术，简单地说就是让机器把文字资料"读"出来。

3.4　人机自然交互技术

该项技术主要实现虚拟现实的沉浸特性，在交互的过程中满足人体的感官需求。目前，基于该类技术研发的体感设备种类繁多，如有智能眼镜、语音识别、数据手套、触觉反馈装置、运动捕捉系统、数据衣等。这些设备虽能够让沉浸感增强，但在实际使用中的效果还无法达到最自然的视觉、听觉、触觉和自然语言的效果，需要进一步进行技术研发。

3.4.1　手势识别技术

手势识别属于计算机科学与语言学，是将人的手势通过数学算法针对人们所要表达的意思进行分析、判断并整合的交互技术。一般来说，手势识别技术并非针对单纯的手势，还可以对其他肢体动作进行识别，比如头部、胳臂等。但是这其中手势占大多数。在交互设计方面，手势与依赖鼠标、键盘等进行操控的区别是显而易见的，那就是手势是人们更乐意接受的、舒适而受交互设备限制小的方式，而且手势可供挖掘的信息远比依赖键盘鼠标的交互模式多。

从定义上讲，手势识别是一种利用数学算法，包括计算机图形学，辅以摄像头、数据手套等输入工具，针对收集到的信息，比如手掌、手指各关节的方位、角度等进行判断、分析并做出正确响应的技术。许多测试品已开始使用三维手势识别来提升准确率及反应速度。

但是，分析手势的特点，回顾手势识别的发展历史，可以更好地把握其发展脉络，从而对未来手势识别的潜力与可能发展方向作出基本判断。

手势识别技术的应用：

（1）用于虚拟环境的交互

手势识别可以用于虚拟制造和虚拟装配、产品设计等。虚拟装配通过手的运动直接进行零件的装配，同时通过手势与语音的合成来灵活地定义零件之间的装配关系。还可以将手势识别用于复杂设计信息的输入。

（2）用于手语识别

手语是聋哑人使用的语言，是由手形动作辅以表情姿势由符号构成的比较稳定的表达系统，是一种靠动作和视觉交际的语言。手语识别的研究目标是让机器"看懂"聋人的语言。手语识别和手语合成相结合，构成一个"人—机手语翻译系统"，便于聋人与周围环境的交流。手语识别同样分为基于数据手套的和基于视觉的手语识别两种。基于 DGMM 的中国手语识别系统选取 Cyberglove 型号数据手套作为手语输入设备，采用了动态高斯混合模型（Dynamic Gaussian Mixture Model，DGMM）作为系统的识别技术，可识别中国手语字典中的 274 个词条，识别率为 98.2%。

（3）用于多通道、多媒体用户界面

正如鼠标不能取代键盘，手势输入也不能取代键盘、鼠标等传统交互设备，这一方面是由于手势识别的设备和技术问题，另一方面也是由于手势固有的多义性、多样性、差异性、不精确性等特点。手势识别要想取得比较高的识别率，仍有很长的路要走。手势输入在人机交互中应用的精髓不在于独立地用作空间指点，而是为语言、视线、唇语等交互手段通道提供空间的或其他约束信息，以消除在单通道输入时存在的歧义。这种做法是试图以充分性取代精确性。

（4）用于机器人机械手的抓取

机器人机械手的自然抓取一直是机器人研究领域的难点。手势识别，尤其是基于数据手套的手势识别的研究对克服这个问题有重要的意义，是手势识别的重要应用领域之一。

3.4.2　面部表情识别

面部表情识别是智能化人机交互技术中的一个重要组成部分，现在越来越受到重视。面部表情是人们之间非语言交流时的最丰富的资源和最容易表达人们感情的一种有效方式，在人们的交流中起着非常重要的作用。表情含有丰富的人体行为信息，是情感的主载体，通过面部表情能够表达人的微妙的情绪反应以及人类对应的心理状态，由此可见表情信息在人与人之间交流中的重要性。

面部表情识别就是利用计算机进行人脸表情图像获取、表情图像预处理、表情特征提取和表情分类的过程，它通过计算机分析人的表情信息，从而推断人的心理状态，最后达到实现人机之间的智能交互。表情识别技术是情感计算机研究的内容之一，是心理学、生理学、计算机视觉、生物特征识别、情感计算、人工心理理论等多学科交叉的一个极富挑战性的课题，它对于自然和谐的人机交互、远程教育、安全驾驶等领域都有重要的作用和意义。

3.4.3　眼动跟踪

眼动的三种基本方式：注视、眼跳、追随运动。由于用户的注视点能极大地改善人机接口，所以可以把眼动活动当作用户注意力状态的标志。将眼动活动整合成人机接口的障碍就是没有一种可用的、可靠的、低成本的、开源的眼动跟踪系统。

眼动跟踪技术中主要使用两种图像处理方法，可见光谱成像和红外光谱成像。可见光谱成像是一种被动的方式，通过捕捉眼睛的反射光。在这些图像中，通常情况下跟踪可见光谱图像最好的特征就是虹膜和巩膜之间的轮廓也叫角膜缘。眼球的三种最相关的特征是瞳孔——让光进入眼球的光圈、虹膜——控制瞳孔直径的有色肌肉群、眼白——保护覆盖在眼球其他部分的纤维。可见光谱成像是很复杂的，因为环境中的光源是无法控制的，它包含许多镜面反射和漫反射成分。红外光谱成像通过使用一个用户无法感知的红外光控制系统来主动消除镜面反射。红外光谱成像的好处就是，瞳孔是图像中最强的特征轮廓而不是角膜缘。巩膜和虹膜都能够反射红外光，而只有巩膜能反射可见光。跟踪瞳孔轮廓更具优势，因为瞳孔轮廓比角膜缘更小更尖锐。另外，瞳孔更不容易被眼皮遮住。红外光谱成像也有缺点，那就是在白天不能用在户外，因为外界环境能清除红外线。在这里，算法主要使用红外光谱成像技术，同时也拓展到可见光谱成像技术。

红外眼球跟踪通常使用亮瞳或暗瞳技术。亮瞳技术通过在离摄像头光轴非常近的地方使用一个光源来照射眼球。由于眼球后部的照片反光特性而形成了一个瞳孔分明的明亮区域。暗瞳技术通过在远离光轴的地方使用一个光源，这样瞳孔在图像中就是黑暗的区域，同时巩膜、虹膜和眼皮反射比较多的光。两种方法都是使用对照明光源的表面反射而使角膜（眼球最具光学特性的结构）可见。使用瞳孔中心到角膜反射点的向量比单独使用瞳孔中心的方法要可靠得多。

3.4.4　触觉反馈传感技术

触觉是指人与物体接触所得到的感觉，是触摸觉、压觉、振动觉和刺痛觉等皮肤感受的统称。狭义的触觉是指微弱的机械刺激兴奋了皮肤浅层的触觉感受器引起的肤觉，广义的触觉还包括由较强的机械刺激导致深部组织变形时引起的压觉。触压觉的绝对感受性在身体表面的不同位置有很大的差别。一般来说，越活动的部分触压觉的感受性越高。

通过触觉界面，用户不仅能看到屏幕上的物体，还能触摸和操控它们，产生更真实的沉浸感。触觉在交互过程中有着不可替代的作用。触觉交互已成为人机交互领域的最新技术，对人们的信息交流和沟通方式将产生深远的影响。触觉交互可以增进人机交互的自然性，使普通用户能按其熟悉的感觉技能进行人机通信，对计算机的发展起到不可估量的作用。

触觉反馈传感技术通过定制独特的触觉反馈效果提升用户体验，增强游戏、视频和音乐的效果，直观无误地重建"机械"触感，解决驾驶或手术中注意力分散的问题以提高安全性，在实施机械医疗程序和培训模拟时提供逼真的触觉反馈，弥补在特定场景下音频与视觉反馈低效的缺点。触觉反馈技术是由触摸产生的压力、对压力的识别、识别后的回馈指令三个大的部分组成，其中很重要的是触觉传感器"Force Touch Sensors"，它是按压触摸的重要部件。

触觉反馈技术已被 30 亿台数字设备所采用，为世界级公司的手机、汽车、游戏、医疗和消费电子等产品提供了出色的触觉反馈功能。

3.4.5 虚拟嗅觉交互技术

虚拟嗅觉交互技术作为虚拟现实技术的重要组成部分，为虚拟环境提供了嗅觉感知，越来越被人们所关注。作为气味生成、传输、扩散以及交互的硬件设备——虚拟嗅觉气味生成装置逐渐成为研究的热点。虚拟嗅觉是指用户在与虚拟环境的人机交互过程中，虚拟环境可以让用户闻到真实的气味。虚拟嗅觉可以极大增强虚拟现实系统的感知性、沉浸性、交互性和构想性，可广泛应用于工业、医学、教育、娱乐和军事等许多领域。在军事方面，虚拟嗅觉技术可仿真战争气味。2006 年，美国研发出一种可模拟战争气味环境的虚拟生成器，经过这种模拟器训练的新兵能更快地适应实战环境。在医学领域，虚拟嗅觉可用于预防、检测、控制和治疗老年痴呆症，甚至能够帮助患者恢复记忆。在工业领域，虚拟嗅觉可融入工业仿真系统中，在提高开发率、降低开发成本和开发风险等方面发挥着重要的作用。此外，虚拟嗅觉在数字博物馆、科学馆、沉浸式互动游戏、影院以及体验式教学等方面也发挥着重要的作用。

3.5 实时碰撞检测技术

碰撞检测经常用来检测对象甲是否与对象乙相互作用。为了保证虚拟世界的真实性，就需要虚拟现实系统能够及时检测出这些碰撞，产生相应的碰撞反应，并及时更新场景输出，否则就会发生穿透现象。正是有了碰撞检测，才可以避免诸如人穿墙而过等不真实情况的发生，影响虚拟世界的真实感。

在虚拟仿真系统中，如果物体间发生碰撞，系统必须实时而准确地检测到这些碰撞并作出相应的碰撞响应，否则物体间就会产生穿透现象，影响虚拟场景的真实性。碰撞检测主要的作用是检测游戏中各种物体的物理边缘是否产生了碰撞。游戏的效果必须在一定程度上符合客观世界的物理规律，如地心引力、加速度、摩擦力、惯性和碰撞测试等。只要场景中的物体在移动，就必须判断是否与其他物体相接触，碰撞检测作为虚拟现实系统中的一个关键组成部分，主要的任务是判断输入的物体模型之间和模型与场景之间是否发生了碰撞，并给出碰撞位置等信息，接着做出所反映的碰撞反应。

在三维空间中，从空间域的角度来划分，碰撞检测算法大体可分为两大类：一类是基于图像空间的碰撞检测算法；另一类是基于物体空间的碰撞检测算法。这两类算法的区别在于，前者是利用物体二维投影的图像加上深度信息来进行相交分析，后者是利用物体三维几何特性进行求交计算。

3.5.1 碰撞检测的要求

为了保证虚拟世界的真实性，碰撞检测要有较高的实时性和精确性。所谓实时性，基于视觉显示的要求，碰撞检测的速度一般至少要达到 24Hz，而基于触觉要求，速度至少要达到 300Hz 才能维持触觉交互系统的稳定性，只有达到 1000Hz 才能获得平滑的效果。精确性的要求取决于虚拟现实系统在实际应用中的要求。

3.5.2　碰撞检测的实现方法

最简单的碰撞检测方法是对两个几何模型中的所有几何元素进行两两相交测试。这种方法可以得到正确的结果，但当模型的复杂度增大时，计算量过大，十分缓慢。对两物体间的精确碰撞检测的加速实现，现有的碰撞检测算法主要可划分为两大类：层次包围盒法和空间分解法。

课 后 习 题

一、选择题

1. 制作水面的雨滴动画所使用的修改器是（   ）。

    A．扭曲　　　　　B．波浪　　　　　C．噪波　　　　　D．涟漪

2. （   ）是虚拟现实系统的一种极为重要的支撑技术，要实现立体的显示，现已有多种方法与手段进行实现。

    A．行为建模技术　　　　　　　　B．语音交互技术
    C．立体显示技术　　　　　　　　D．物理建模技术

3. 在基于几何图形的实时绘制技术实现过程中，目前有下面几种方法用来降低场景的复杂度，以提高三维场景的动态显示速度的方法：预测计算法、脱机计算法、3D 剪切法、可见消隐法、细节层次模型法。其中（   ）应用较为普遍。

    A．脱机计算法　　　　　　　　　B．预测计算法
    C．细节层次模型法　　　　　　　D．可见消隐法

4. 使物体表面形成风化腐蚀效果的贴图类型是（   ）。

    A．凹痕　　　　　B．渐变　　　　　C．泼溅　　　　　D．衰减

5. 螺旋楼梯所特有的部件是（   ）。

    A．支撑梁　　　　B．侧弦　　　　　C．梯级　　　　　D．中柱

6. "多边形"按钮最多可以创建的边数是（   ）。

    A．10 条　　　　　B．20 条　　　　　C．60 条　　　　　D．100 条

7. 可以创建出封闭"C"字图形的工具是（   ）。

    A．W 矩形　　　　B．通道　　　　　C．角度　　　　　D．三通

8. 将选择的二维图形转化为三维模型的操作是（   ）。

    A．镜像　　　　　B．平滑　　　　　C．挤出　　　　　D．拉伸

9. 制作水面的雨滴动画所使用的修改器是（   ）。

    A．扭曲　　　　　B．波浪　　　　　C．噪波　　　　　D．涟漪

二、简答题

1. 简述"隐藏"与"冻结"命令的作用。
2. 简述放样变形工具的种类。
3. 简述"材质编辑器"的作用。

第4章 虚拟现实应用

本章介绍

随着计算机技术的快速发展，虚拟现实技术应用领域不断被拓宽。通过本章的学习，能够熟悉虚拟现实技术在教育、医疗健康、旅游、房地产、娱乐、制造、文物保护及市政规划、能源仿真以及军事安全等领域应用发展的情况。

学习目标

（扫码观看视频）

○ 掌握虚拟现实技术的不同应用领域。
○ 掌握虚拟现实技术在教育领域中的应用。
○ 熟悉虚拟现实技术在各个领域中的主要应用方向。

早在20世纪70年代，人们便开始将虚拟现实用于培训宇航员。由于这是一种省钱、安全、有效的培训方法，现在已被推广到各行各业的培训中。

20世纪80年代中后期，虚拟现实技术已经开始走出实验室，进入实际的应用阶段，并在军事、航天航空、医疗等领域发挥了重要的作用。目前，虚拟现实已被推广到不同领域中，得到了广泛应用。

4.1 虚拟现实在医疗健康领域的应用

虚拟现实在医疗健康领域的应用大致有两类。一是虚拟人体，也就是数字化人体，医生更容易利用虚拟人体了解人体的构造和功能。另一种是虚拟手术系统，可用于指导手术的进行。

4.1.1 医疗教育与培训

虚拟现实技术在医疗上的应用非常广泛，主要有：①虚拟人体解剖图。以往的人体解剖图大多是以3D形式描绘的插图或是一些实际解剖的图片，而虚拟人体解剖图是数字化3D解剖图，能让使用者在没有任何外界干扰的情况下自由观察、移动和生成解剖结构，更快捷地学习和了解解剖信息。②虚拟人体功能，如图 4-1 所示。人体某一个器官或系统的功能一般是不可见或难以表现的，如果建立起真正的虚拟人体功能，对于医学教育、医学研究和治疗都有不可估量的应用价值。③虚拟手术模拟。在模拟器上反复训练可以使医生手术安全性更高，手术模拟器可以模拟人体内的重要区域的手术，手术的模拟实验还可以改善预期的手术设计。④虚拟医学教育。医学教育也是 VR 的一个主要应用领域，可以用于医学教学、新生培训、技能测试、技术学习、手术计划等多方面。⑤虚拟现实技术在康复医学上的应用也相当广泛，不仅可以用来监测残疾程度，还可以检查康复状况。⑥虚拟内窥镜。将虚拟现实技术应用到内窥镜手术上，一是可以减少病人手术死亡率，二是可以减少病人的住院时间和医疗成本。

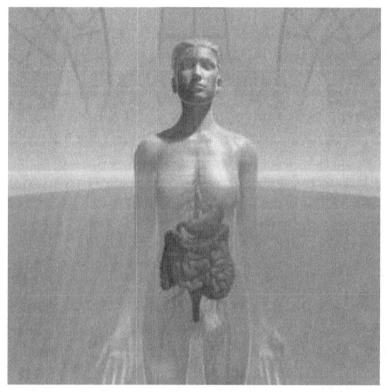

图 4-1　虚拟人体

目前，虚拟现实在我国医疗教育和培训中的应用有：

1）虚拟现实技术重构传统教学模式，完善我国医疗体制改革、进行住院医师规范化培训，需要培养高质量、高技能的医学人才。

2）在临床教学中，规范化培训医师通过虚拟现实最直观、最形象、最真切的感知获得各类常规和罕见医疗病例场景和感知对象，从视、听、触等多角度考虑，让规范化培训医师与虚拟现实情境中的形象相融合，从而获得最逼近现实的体验。

3）在培训考核体系中引入虚拟现实技术，模拟出针对考核内容的具有最真实效果的临床一线医疗场景，根据应试者的反应，在双向互动的基础上，不断地进行创设情景提问，考察应试者在最逼真医疗情境中的行为举措。在考核过程中为了反馈和指导应试者的临床反

应，还可以连续记录应试者操作过程的三维运动和力学数据，必要时回放观摩和分析。

4.1.2　医疗保健

医疗保健一直都是虚拟现实技术的主要应用领域之一。一些机构利用计算机生成的图像来诊断病情。虚拟现实模拟软件公司 Surgical Theater and Conquer Mobile，使用 CAT 扫描或者超声波产生的诊断图像来生成患者解剖结构的 3D 模型。虚拟模型帮助新的和有经验的外科医生来决定最安全有效的方法定位肿瘤，决定手术切口或者提前练习复杂的手术。

来自波士顿的 Osso VR 就是一家致力于运用 VR 技术提供医生培训的公司。Osso VR 公司成立于 2016 年 2 月，并于 2019 年 6 月荣获了 200 万美元启动资金。基于 Oculus Rift/Touch 和 HTC VIVE 等虚拟现实技术平台，Osso VR 公司开发了一系列可以创建虚拟手术室的软件。在虚拟手术室，医生可以放心地进行更多更为复杂的手术操作。

芝加哥的 Level EX 研发了一款名为 Airway EX 的手机应用，它由视频游戏开发商和医生协助开发完成，是一款外科手术模拟游戏。该游戏旨在为麻醉医师、耳鼻喉科医师、重症监护专家、急诊室医生和肺科医师设计。游戏应用可以为医生提供在真实病患案例身上进行 18 种不同的虚拟气道手术的机会。

除了手术，虚拟现实技术可以用作康复工具。在欧洲，中风和脑损伤的病人现在可以使用 MindMaze 创造的沉浸式虚拟现实疗法恢复运动和认知能力。MindMaze 里的虚拟练习和实时反馈让恢复过程好像是玩游戏。

相信随着虚拟现实技术的发展，未来在医学界的应用将更普遍，对人类疾病的治疗起更加重要的作用。

4.2　虚拟现实在旅游行业的应用

旅游方面，虚拟现实技术最大的优势就是把一个不在身边存在的场景空间展示在观众面前，让观众不用去现场就能体验到现场的氛围与环境，观众可以根据自己的意愿进行互动式的观看浏览，如图 4-2 所示。虚拟现实技术在旅游业中的应用也相当广泛，比如虚拟旅游——360°三维实景漫游。全景虚拟现实是基于全景图像的真实虚拟场景虚拟现实技术，该技术弥补了三维动画中对于场景浏览路线和浏览速度的限制以及只能被动观察的缺点，给用户充分的自由，具有更强的交互性和表现力。通过虚拟旅游，不仅可以扩大旅游景点的影响力，达到吸引游客的目的，而且还能够为没有条件到达旅游景点的游客提供一个空间。再现不复存在或将要消失的旅游景观。参观古建筑遗迹时，通常很难想象古建筑原来的形状，通过虚拟现实技术，可以将古迹遗址再现出来，只要佩戴相应的装置，人们就可以徜徉在古建筑遗迹之间，感受古代文明的辉煌，具有景观珍藏的意义；展示及保护文化遗产。借助虚拟现实技术，对中国丰富灿烂的古代文化遗产进行数字化展示和有效保护具有重要的现实意义。虚拟现实技术还可以对旅游景点进行合理规划，先利用虚拟现实技术对要创建的景点进行系统建模，生成相应的虚拟现实系统，然后通过人机交互界面进入场景，通过规划人员的亲身经历和体验来判断规划方案的优劣，检验规划方案的实施效果，并可以反复修改和辅助最终方案的制定实行。

图 4-2　虚拟现实在旅游行业的应用

4.3　虚拟现实在房地产领域的应用

虚拟现实在建筑、房地产方面，可以运用到装配式建筑、BIM 建筑和智能建筑等建筑上。装配式建筑主要将 VR 运用到装配式建筑实际操作过程当中，将建筑装配过程建模设置还原现实装配场景，运用 VR 设备在系统中虚拟操作建筑装配全部过程，在一个虚拟的环境中对装配式建筑进行还原装配，这样既有利于节约空间，也极大地减少了装配成本。BIM 建筑设计主要研究内容是将 BIM 软件模型用 VR 技术呈现出来，让人置身于一个真实的建筑模型之中，对建筑进行设计研究，使得所设计的建筑更加符合现实。智能化建筑研究主要运用 VR 技术对已建成的建筑设计简单便捷的系统，使得生活更加便利和智能。

现今，虚拟现实技术在建筑、土木行业的建筑设计、结构设计、建筑施工和灾害防治等方面逐渐推广开来，还利用有关软件广泛应用于地产开发产业中。虚拟现实技术不仅能使房地产企业进行合理性的检测，有利于施工方案的规划，更好地避免损失，还是展销宣传的有效手段之一。

在国内的一、二线城市中虚拟现实技术也开始起步，虽然时间不长，但是发展迅速，得到了人们的极大关注。在国内的房地产行业中，虚拟现实技术应用在设计、申报、审批、宣传及销售阶段，尤其是在房地产销售环节，其使用更加广泛。

4.3.1　房地产开发

随着房地产业竞争的加剧，平面图、表现图、沙盘、样板房等传统展示手段已经远远无法满足消费者的需要。目前，房地产开发公司针对现有户型进行分析，按照施工图 1:1 进行虚拟建模，运用 CAD、3D、VR 软件做出虚拟的空间，可从层高、结构、布局、光照、后期装修方案等，让客户获得身临其境般的真实体验。在虚拟看房方面，做到了 PC 端、移动端、VR 眼镜三方面同步，并可配合销售传单、沙盘、销售讲解。客户只需扫描满意户型的二维码，使用 VR 眼镜，就可以像"回家"一样了。

从表 4-1 传统样板间和虚拟样板间对比中可以看出，虚拟样板间从造价上远远低于传统样板间，数量和风格也有灵活性，也可异地销售看房。

表 4-1　传统样板间和虚拟样板间对比

项　目	传统样板房	虚拟样板房
时　间	工程完工，通水电暖	拿到施工图
造　价	3000 ～ 5000 元 /m²	50 ～ 200 元 /m²
数　量	2 ～ 5 个户型	所有户型
风　格	每个样板间一个风格	可更换不同风格
地　点	小区样板间内	任何地点
特　点	真实存在、可参观	虚拟现实、可体验

从客户体验上看，传统的看房模式中，较为抽象的施工图、平面图仅能展示设计方案的一面，而虚拟现实技术下的方案效果图是一张 360° 的全方位立体图，它突破了传统二维效果图不能改变视角的缺陷。目前 VR 作为一种体验，是一种新的尝试，客户对新的看房方式比较感兴趣，是房屋销售的一个营销手法，可以吸引客户到店体验，加快房屋销售。

从精装修方面来看，客户对自己的喜欢风格、功能布局等不明确的时候，很难准确表达喜欢的装修风格。把常见的装修风格做成 VR 体验，客户带上眼镜在体验不同装修风格后便可对自己的家装风格准确把握，如图 4-3 所示。在设计的时候，设计人员将平面图布置完成并与客户沟通后，可根据实际尺寸做出全景效果。客户便可在装修前体验家装的效果，不满意的地方随时更改，直至满意。

图 4-3　虚拟看房

当然，VR 在房地产领域的应用不仅是销售和精装修业务。在开发前期，比如，选择地块方面，也可以利用该技术对地块进行分析、周边环境、综合汇报，还可由规划设计院对楼盘的整体效果及周边环境进行虚拟建模，对外立面、墙体颜色、窗户材质、室外景观绿化等整个楼盘效果进行把控，在图样上进行更改，避免对后期效果不理想更改返工。在施工中，可利用全景照相机进行现场监控，在办公室带上眼镜即可观看现场情况，区别于一般监控设备，还可对现场进行全景拍摄，对现场安全文明施工、质量等进行影像保存，丰富资料内容。

4.3.2　室内设计

采用 3D 全景技术进行酒店套房室内展示，如图 4-4 所示。这是一种高效而简单的设计方法，这种设计方法是基于全景照片或图片的拼接技术，采用 PanoramaMaker 软件进行制作。在实际的室内设计中，3D 设计技术经常被用到，无论是家居中室内的装潢设计还是一些基本设施的摆设、墙体装饰、光线的采集等。不但能把室内的场景非常完美地表达出来，而且可以在三维环境中不断更改自己的可视距离和 X、Y、Z 的空间位置。在室内的装潢设计中，经常会用到一些特殊的室内效果，如声音和管线设计，但无论是声音设计还是管线的设计，都是可以通过虚拟的室内设计来完成的。采用全新的虚拟技术，成功实现室内的整体及细微的效果表达。目前常用的虚拟现实技术不但能在室内随意操作，而且利用虚拟现实技术做室内预装修系统，还可以成功实现家具、配饰、灯光效果、木地板颜色、卫生洁具、瓷砖等变更，更能移动家庭用具的安装摆放位置，从而解决了对室内进行设计之初就会遇到的各种问题。

图 4-4　虚拟现实在室内设计的应用

1．充分帮助设计师讲解设计理念

在室内设计专业出现之前，室内装修是以业主根据自己的欣赏水平和想象来施工的，采用这种方式只能亲自在现场指导工人施工，所以也就没有施工图和设计方案，装修功能只局限于人类的居住需求。

随着社会发展才分工出设计师行业，也就有了方案和平面图包括效果图等，伴随着设计师和客户的交流也越来越多。但是在交流中客户和设计师都有对方案的理解，那么就能使

设计师更好地修改方案，也就能和施工人员对接施工，但是这种施工虽然能解决设计问题，也能更好地和施工人员交流，但是还不能满足设计师和客户之间的交流，在这个发展过程中虚拟现实的运用很好地弥补了室内设计的不足，能使设计师的方案更直接和客户交流对接，当然更加丰富了室内设计的表现手法。

2．合理展示平面布局

室内设计的数据一般是通过计算机数据处理得来的，像室内的平面图的尺寸、标注等都可以用计算机处理得来。传统方式则需要设计师花费大量的人力物力来计算，而且没有计算机那样精准。现在计算机的处理大大节省了时间和人力成本。

3．灵感创作的来源

计算机更能反映空间的真实性，虚拟现实在空间的创作中能把各种模型组合，有利于激发设计师的创作潜能和再创作的灵感。在计算机创造中，各种模型有趣地组合，能使设计师找到源自大自然的设计，一切设计来自大自然万物，使设计师在面对计算机时消除疲劳，避免单调的工作，使设计师有更多时间来找创作作品的灵感。

4．在室内设计中的优势

近年来，虚拟设计在室内设计中作为一个独立体系正在快速发展，三维立体在虚拟现实中相比于传统手绘中的优势在于实际设计空间的真实尺寸体现。这种设计更加直观地表达出设计师的效果，更加人性化和专业化，在设计过程中更加快捷、直观、逼真。

VR室内设计系统广泛应用于家装、家具建材、地产、卖场、教育等行业。

4.4　虚拟现实在游戏、影音媒体领域、购物上的应用

4.4.1　游戏

虚拟现实在游戏领域的应用是虚拟现实最广阔的用途之一。英国出售的一种滑雪模拟器，使用者身穿滑雪服、脚踩滑雪板、手挂滑雪棍、头上戴着头盔显示器，手脚上都装着传感器。虽然在斗室里，只要做着各种各样的滑雪动作，便可通过头盔式显示器看到堆满皑皑白雪的高山、峡谷、悬崖陡壁——从身边掠过，其情景就和在滑雪场里进行真的滑雪所感觉的一样。

对于游戏的开发，目前虚拟现实技术比较适合开发角色扮演类、动作类、冒险解谜类、竞速赛车类的游戏，其先进的图像引擎丝毫不亚于目前主流游戏引擎的图像表现效果，而且整合配套的动力学和AI系统更给游戏的开发提供了便利。

虚拟现实技术重要的应用方向之一便是三维游戏，而三维游戏也为虚拟现实技术的发展做出了巨大贡献。计算机游戏自产生以来，一直都在朝着虚拟现实的方向发展。从最初的文字MUD游戏，到二维游戏、三维游戏，再到网络三维游戏，游戏在保持其实时性和交互性的同时，逼真度和沉浸感正在一步步地提高和加强。游戏开发者们在不断地探索，如图4-5所示。

图 4-5　切水果游戏

4.4.2　影视媒体

　　早期，虚拟现实在影视媒体领域主要以硬件产业为主体，如魔法报纸、中国好声音虚拟现实全景直播等。现在，随着用户的需求越来越旺盛，VR 直播、VR 购物、VR 新闻、VR 电视、VR 广告等以更加多样化的方式和渠道为用户提供服务。

　　虚拟现实技术在现在运用最广的莫过于在娱乐业，日常生活中许多人都在体验这一"福利"，3D 影院随处可见，人们在看电影的过程中获得身临其境的体验。其次，VR 眼镜也走入人们的生活，随时随地可以有私人影院般的体验。话剧、音乐剧、舞会、晚会等也逐渐应用虚拟现实技术，带来感官上的震撼，如图 4-6 所示。

图 4-6　虚拟现实在电影行业的应用

在国内，影视媒体对虚拟现实的利用领先于其他各领域，例如，两会期间的报道中，新华网、人民网以及一大批新闻网站、视频网站，包括《新京报》这样的纸媒都通过虚拟现实技术对两会现场进行报道；我国首部 VR 科普图书《大开眼界：恐龙世界大冒险》丛书在 2016 年年初的北京订货会上与广大读者见面，让人们能够产生视觉、听觉的穿越，将他们带到"眼见为实"的境地；国内各大视频网站都在全世界寻找最好的 VR 内容，和一些优秀的 VR 制造团队合作。虚拟现实技术不仅创造出虚拟场景，而且还创造出虚拟主持人、虚拟歌星、虚拟演员。美国迪士尼公司还准备推出虚拟演员。这将使"演员"艺术青春常在、活力永存。虚拟演员成为电影主角后，电影将成为软件产业的一个分支。各软件公司将开发数不胜数的虚拟演员软件供人选购。固然，在幽默和人情味上，虚拟演员在很长一段时间内甚至永远都无法同真演员相比，但它的确能成为优秀演员。

日本电视台推出的歌星 DiKi，不仅歌声迷人而且风度翩翩，引得无数歌迷纷纷倾倒，许多追星族欲亲睹其芳容，迫使电视台只好说明她不过是虚拟的歌星。

4.4.3 购物

VR 购物是使用 VR 技术，利用计算机图形系统和辅助传感器生成可交互的三维购物环境的全新购物方式。通过 VR 技术建立无边界、高精度视觉质量的虚拟现实商场，可使消费者在一个更立体、更动态的虚拟现实环境中身临其境地浏览商品，更利于消费者对商品产生感情上的联系，达到商品销售与品牌好感的目的。对百货商场加入虚拟现实或增强现实，营造独特的主题与氛围，体验者可在百货商场中漫步浏览，就如同置身于一个不可思议的世界中，如图 4-7 所示。

图 4-7　VR 购物

电子商务和虚拟现实相结合将给用户提供更加真实、逼真的选择手段，从而可为网上销售提供更为广阔的前景、如家电、汽车交易、房屋展示系统。在电子商务网站中虚拟现实技术可以给出商品的三维形态和音质以及各种操作示范，对于交互式要求比较多的商品，用户还可以直接在网上通过对三维虚拟产品进行操作，从而获得逼真的视觉和听觉效果，增加对用户的感染力，使用户对需要购买的产品的外观、性能、使用的方便性有更加直观的认识。

Buy+ 是阿里巴巴 VR 实验室 GMLab（Gnome Magic Lab）的一个项目，集中平台优势，搭建 VR 商业生态，让更多的消费者可以在家体验 VR 购物的乐趣。体验者可以在商场里逛街，挑选喜欢的商品，查看详情时，眼前立刻出现超模 T 台秀展示穿戴搭配，还能直接选择商品样式、颜色等。最值得期待的是，还可以直接将商品放入购物车购买并支付。

在第二届 Prime 会员日活动期间，亚马逊在印度各地的购物中心开设了 11 家 VR 快闪商店，以使网购用户可以在下单之前通过 VR 头显来浏览商品。在购买之前，客户将首次利用 VR 技术体验新产品。例如，客户可以看到衣服的 3D 视图，也可以打开放在厨房台面上的微波炉，并浏览更多内容。这种 VR 体验向所有客户开放，Prime 会员可以在孟买等城市的特定商场优先进行体验。

食品供应商 BigBasket 宣布，将为用户开放 VR 商店，以弥补在线和实体店购物体验之间的差距。新的 VR 商店将允许用户环顾四周并浏览产品，就像在实体店中一样，并支持在线购买。

沃尔玛推出全新的"3D 虚拟购物之旅"，这个应用可以让顾客浏览 VR 版本的小型生活空间，例如宿舍或公寓。用户可以在沃尔玛设计的房间内走动，单击感兴趣的产品以获取更多信息，然后直接购买这些产品。沃尔玛还宣布将"购买房间"功能集成到 VR 购物之旅中，这将允许用户将虚拟房间中的所有可用物品添加到他们的购物车中，以便立即购买所有的商品。这种体验将有助于沃尔玛在尚未采用该技术的竞争对手中占据优势。

4.5　虚拟现实在教育领域的应用

教育方面，虚拟现实技术与教育相结合，使教学内容外在形式的生动化与内在结构的科学化更紧密地结合起来，这种环境将极大促进教学观念的变化。虚拟现实技术主要应用在教育领域的：①科研方面，当前，有些科学研究受到人力、物力等客观条件的限制，不能很好地开展下去，使用虚拟现实技术可以帮助科研人员顺利地进行科学研究。我国高校在许多领域都利用虚拟现实技术进行相关课题研究，如，北京航空航天大学在分布式飞行模拟方面的应用，浙江大学在建筑方面进行虚拟规划、虚拟设计的应用等。②虚拟学习环境，虚拟现实系统可以虚拟历史人物、教师、学生等各种人物形象，创设交互式学习环境。比如在虚拟的课堂学习气氛中，学会与虚拟的教师、学生一起交流、讨论，进行协作化学习，如图 4-8 所示。③虚拟实验室，是指由虚拟技术生成的一类适合于进行虚拟试验的实验系统，包括相应的实验环境、有关实验仪器设备、实验对象以及实验信息资源等。在虚拟实验系统中，实验者有逼真的感觉，就像是在真实的实验室中进行操作。将虚拟现实技术引入教学中，不仅可以提高操作的安全性，也增加了教学的乐趣，使学生更容易掌握操作要领和技能，还能大大降低实践教学的成本。

图 4-8　虚拟现实在教育中的应用

在虚拟教学方面，可以应用教学模拟进行演示、探索、游戏教学。利用简易型虚拟现实技术表现某些系统（自然的、物理的、社会的）的结构和动态，为学生提供一种可供他们体验和观测的环境。建立教学模拟的关键工作是创建被模拟对象（真实世界）的模型，然后用计算机描述此模型，通过运算产生输出。这些输出能够在一定程度上反映真实世界的行为。教学模拟是一种十分有价值的 CAI 模式，在教学中有广泛的应用。例如，中国地质大学开发的地质晶体学学习系统，利用虚拟现实技术演示它们的结构特征，直观明了。

4.5.1　数字校园与虚拟校园建设

大多数虚拟校园仅实现校园场景的浏览功能，但虚拟现实技术提供活的浏览方式，全新的媒体表现形式都具有非常鲜明的特点。天津大学早在 1996 年，在 SGI 硬件平台上，基于 VR ML 国际标准，最早开发了虚拟校园，使没有去过天津大学的人可以领略近代史上久负盛名的大学。随着网络时代的来临，网络教育迅猛发展，尤其是在宽带技术大规模应用的今天，一些高校已经开始逐步推广、使用虚拟校园模式。

虚拟校园也是虚拟现实技术在教育培训中最早的具体应用，它由浅至深有三个应用层面，分别适应学校不同程度的需求：简单地虚拟校园环境供游客浏览；基于教学、教务、校园生活，功能相对完整的三维可视化虚拟校园；以学员为中心，加入一系列人性化的功能，以虚拟现实技术作为远程教育基础平台进行虚拟远程教育，可为高校扩大招生后设置的分校和远程教育教学点提供可移动的电子教学场所，通过交互式远程教学的课程目录和网站，由局域网工具作校园网站的链接，可对各个终端提供开放性的、远距离的持续教育，还可为社会提供新技术和高等职业培训的机会，创造更大的经济效益与社会效益。

4.5.2　教学实验

虚拟现实技术的特点在虚拟培训方面表现得比较突出。虚拟现实技术的沉浸性和交互性，使学生能够在虚拟学习环境中扮演一个角色，全身心地投入学习，这非常有利于学生的技能训练。利用沉浸型虚拟现实系统，可以做各种各样的技能训练，对高职技能性教学有着无比强大的推动作用。西南交通大学开发的 TDS—JD 机车驾驶模拟装置可摸拟列车起动、运行、调速及停车全过程，可向司机反馈列车运行过程中的重要信息。如每节车辆的车钩力或加速度、列车管压力波传递过程等，进行特殊运行情况下的事故处理，有完善的训练结果评价及合理的评分标准。它在国内首先采用计算机成像及 Windows 界面，是国内市场占有率最高的模拟装置，可任意进行列车编组，可选择任意线路断面，可在有场景或无场景条件下模拟操纵。

虚拟现实与系统仿真研究室，可以将科研成果迅速转化为实用技术，如北京航空航天大学在分布式飞行模拟方面的应用；浙江大学在建筑方面进行虚拟规划、虚拟设计的应用；清华大学对临场感的研究等。虚拟学习环境能够为学生提供生动、逼真的学习环境，如建造人体模型、计算机太空旅行、化合物分子结构显示等，在广泛的领域提供无限的虚拟体验，从而加速学生学习知识的过程。虚拟实验利用虚拟现实技术可以建立各种虚拟实验室，拥有传统实验室难以比拟的优势。比如，节约由于设备、场地、硬件带来的成本；规避实验带来的风险；打破空间时间的限制。

利用虚拟现实技术建立起来的虚拟实训基地，其"设备"与"部件"多是虚拟的，可以根据需要随时生成新的设备。教学内容可以不断更新，使实践训练及时跟上技术的发展。虚拟现实技术还可以用于军事作战技能、外科手术技能、教学技能、体育技能、汽车驾驶技能、果树栽培技能、电器维修技能等各种职业技能的训练。由于虚拟的训练系统无任何危险，学生可以不厌其烦地反复练习，直至掌握操作技能为止。

4.6　虚拟现实在制造领域的应用

4.6.1　汽车制造

虚拟现实技术已经被世界上一些大型企业广泛地应用到汽车的设计开发、装配、试验以及制造过程当中。采用虚拟设计技术，可以在计算机中实现整车和零部件的概念设计、造型设计、总布置设计以及结构设计等，同时对其性能如刚度、硬度和疲劳使用寿命等进行模拟分析，以便在设计阶段就发现并尽可能解决问题，从而提高一次成功率；采用虚拟装配技术，在产品开发阶段就进行装配评价，从而在设计阶段就可以从整个产品的装配角度考虑产品的可制造性，避免设计上的失误，为以后的生产定型提供方便并节省时间；虚拟试验技术可以在建立汽车整车或分系统的 CAD 模型之后，在计算机上模拟真实的实验环境、实验条件和实验负荷。虚拟试验还可以进行虚拟人机工程学评价、虚拟碰撞实验等；虚拟制造技术包括加工工艺模拟、切削、冲压过程仿真及生产过程仿真，除了能为设计人员自身提供有关信息之外，还能为决策者提供影响产品性能、制造成本、生产周期的相关信息，以便正确处理性能、成本、进度和生产周期之间的平衡关系。虚拟现实技术为汽车制造业的发展提供了一种制造策略，为汽车开发人员创造了更为自由的平台。

4.6.2　船舶制造

虚拟装配是虚拟制造的核心技术之一，其利用计算机技术对产品进行零部件的实体造型，在产品设计阶段进行预装配，验证装配工艺的准确性。就目前产品设计开发的现状来看，

产品装配结构及其装配工艺的设计工具和设计水平仍然十分落后，装配结构和装配工艺的设计任务主要还是依靠经验丰富的设计师、工艺师来完成。设计周期长、受设计者的知识局限性和主观意识性影响较大，尤其是对于船舶等复杂产品的装配设计，设计者往往无法将各方面、各层次的问题都考虑进来，只能凭借经验来寻求较为合理的装配工艺路线，而这样得到的不一定是最佳的装配工艺路线。

通过虚拟现实技术对船舶的船体、管系、电气等各系统进行分段装配、分段预舾装、分段总组、总段合拢等过程进行模拟，从而实现在设计阶段预测、分析、评估产品的质量、性能指标和工艺的可行性，并在考虑人机的因素下优化产品设计及工艺、维护过程，及时发现和纠正设计中的缺陷和问题，缩短产品的开发流程，提高船舶产品的建造质量，更好地指导实际建造生产。

在产品结构和工装结构环境中，按照工艺流程进行装配工人可视性、可达性、可操作性、舒适性以及安全性的仿真。将标准人体的三维模型放入虚拟装配环境中，针对零件的装配对工人进行相应工作特性的分析。

4.6.3　飞机制造

1. 机场环境模拟

基于 Converse Earth 虚拟地球构建机场三维场景，在其上叠加卫星影像、高程数据、矢量数据，使用 Converse Earth Editor 创建机场三维模型，真实再现停机坪、候机厅、油库、航加站等场所，如图 4-9 所示。

图 4-9　虚拟现实在飞机制造上的应用

2. 机场运维

实现信息化管理，实现物品三维化管理，系统功能界面和三维界面无缝对接，单击三维模型可查询信息，单击二维条目可定位三维模型；飞机调度三维可视化展现，将调度模块嵌入三维系统内，实时了解当前飞机的飞停状态，并进行三维实时展现。GPS 跟踪系统通过读取来自定位系统的实时位置信息来驱动加油车、操作员动态变化，具有很强的立体表现效果，是二维 GPS 管理系统所不具备的。

3．卸油站、油库、航加站一体化信息管理及安全应急演练

应急模拟演练：提供虚拟的演练场景，在虚拟环境中，根据预案对灾害现场和灾害过程进行模拟仿真，提供多人在线的演练手段，为参训者在计算机上提供生动逼真演练各项应急救援任务的虚拟环境，并考核演练结果，达到良好的培训效果。

工艺培训方面：通过对工艺流程的界面仿真、操作仿真、数据仿真，为参训者在计算机上提供供油工艺流程动态演示培训环境。

4.7　虚拟现实在能源仿真领域的应用

4.7.1　石油工业仿真

石油行业三维数字化系统是近几年来随着信息技术的飞速发展、石油需求的急剧增加和经济信息全球化的逐步加深而出现的一项新技术。它在能源行业的信息交流和管理决策中发挥着越来越重要的作用。三维海上油田利用虚拟现实技术构建能源安全作业虚拟仿真训练系统，提供多人在线交互式训练功能。推行封闭式演示、指南式向导操作和开放式自由操作的培训模式，开发能源安全作业虚拟仿真训练系统，能有效地解决能源安全作业培训的成本高、安全性差和效果差问题。

构建一个全面的三维仿真信息化系统，在此系统内进行设备管理、管线管理、安全应急演练等，构建作业区三维环境，附加作业区周围方圆百公里的 GIS 数据，包括卫星影像图及 DEM 高程数据等。在此基础上创建设备及管线数据，实现设备及管线的信息查询、测量分析、飞行控制等操作。

4.7.2　水利工程仿真

虚拟现实技术在水利行业具有广阔的应用空间，例如，在水利工程的规划、施工、运行、水灾害仿真、水利风景区建设与宣传等诸多方面都有广泛的应用。

针对水利工程项目规划设计建立三维的、动态的、可视的虚拟仿真环境，如图4-10 所示，将复杂抽象的工程设计方案以生动直观的形式表达出来，人们能够比较容易理解设计方案并就其合理性进行探讨，从而提高决策的前瞻性与科学性。

图 4-10　虚拟现实在水利工程仿真上的应用

水利工程规划建设时，通过虚拟现实技术对建成之后各工程建筑物及周围环境模拟，可以清晰全面直观地了解工程建设后的真实场景，分析工程建设后对人、物、景和生态等方面的影响，对工程规划内容进行现实推演。

对工程施工过程进行仿真，使得工程建设管理科学高效、严控质量、指导建设、严防事故等。

4.7.3 电力系统仿真

三维电力输电网络信息系统采用 3DGIS 融合 VR 的思路，利用数字地形模型、三维电力协同作业、高分辨率遥感影像构建的基础三维场景能够真实再现地形、地貌，采用创建三维模型再现输电网络、变电站、输电线路周边环境、地物的空间模型。电力设备可通过传感器将现场状态进行虚拟现实再现，同时实现三维查询功能，二维网页和三维场景进行无缝连接，实现二、三维一体化管理，为领导及工作人员提供全方位、多维、立体化的辅助决策支持，从而减少处理事故所需的时间，减少经济损失。

系统实现了各种分析功能，如停电范围分析、最佳路径分析。当停电事故发生时，系统能快速计算出影像范围，标绘出事故地点及抢修最优路线。当火灾发生时绘制火灾波及范围及对重要设备的影响程度，推荐最佳救援方式。

4.8 虚拟现实在文物保护、城市规划领域的应用

4.8.1 文物保护

虚拟现实技术在文物保护方面也是应用相当广泛的，埃及的金字塔就做过网上的体验中心，运用了全景虚拟技术和三维虚拟技术，而且 IBM 目前正在运用虚拟现实技术对北京故宫进行数字虚拟。届时大家也许可以在网上直接看到数字三维化的故宫。

利用虚拟现实技术，结合网络技术，将文物实体通过影像数据采集手段建立起实物三维或模型数据库，保存文物原有的各项型式数据和空间关系等重要资源，实现濒危文物资源的科学、高精度和永久保存。其次，利用这些技术可以更好地找到不同文物古迹的保护手段。还可以通过计算机网络来整合文物资源，实现资源共享，人们足不出户便可感受文物古迹，如图 4-11 所示。

图 4-11 虚拟现实在文物保护领域的应用

4.8.2 城市规划

在城市规划中经常会用到虚拟现实技术。用虚拟现实技术能十分直观地表现虚拟的城市环境，能运用三维地理信息系统来表现直观的三维地形地貌，为城市建设提供可靠的参考数据，还能很好地模拟各种天气情况下的城市，能了解排水系统、供电系统、道路交通、

沟渠湖泊等。而且能模拟自然灾害的突发情况。在政府的城市规划工作中起到了举足轻重的作用。

虚拟现实技术引入到城市规划中，可以代替传统的 GIS（Geographic Information System，地理信息系统）数据处理技术，实现对城市的立体仿真模拟。在城市规划过程中，可以将三维虚拟图形建模、传感技术进行结合，来呈现给用户一个接近真实的城市规划体验。虚拟现实技术与仿真系统的结合，能够完成对道路桥梁、轨道交通、城市照明、房地产和工商业的三维模拟，构建出可视化与数字化的城市规划方案图，城市规划设计部门可以在三维仿真软件中模拟出多套城市规划方案，进行不同方案之间的评估与比较。

4.9　虚拟现实在军事、安全防护领域的应用

4.9.1　军事

利用虚拟现实技术模拟战争过程已成为较先进和多快好省地研究战争、培训指挥员的方法。由于虚拟现实技术达到了很高水平，所以尽管不进行核试验，也能不断改进核武器。战争实验室在检验预定方案用于实战方面也能起巨大作用。1991 年海湾战争开始前，美军便把海湾地区各种自然环境和伊拉克军队的各种数据输入计算机内，进行各种作战方案模拟后才定下初步作战方案。后来实际作战的发展和模拟实验结果相当一致。

美国军方经常使用虚拟现实模拟器训练士兵，非商业性的虚拟现实游戏也被用于制备部队作战，有利于模拟团队使用战术装备，在虚拟现实环境中练习来达到目的。这种方式更能抓住学员的注意力，且更安全，如图 4-12 所示。

图 4-12　虚拟现实在军事领域的应用

4.9.2　安全防护

虚拟现实技术在安全防护领域的应用主要分为以下 4 个方面。

1. 对出现的危险情况进行模拟

在实际生产系统中，引发事故的原因多种多样，人、机械、环境三要素中任何一个发

生的随机事件都可能引发严重的事故，有很强的不可预见性。利用虚拟现实技术可以事先模拟事件的发生过程及可能造成的严重后果。

2. 针对模拟的情况进行必要的改进

可以对现场有更多的了解，采取措施进行改进，如隔离、设置安全通道，设置警示牌，改进设计或改进现场布置等。

3. 重现事故现场，分析事故原因

应用计算机绘图和虚拟现实技术可以快速、有效地以一系列三维图像在计算机屏幕上再现事故发生的过程，事故调查者可以从各种角度去观测、分析事故发生的过程，找出事故发生的原因，防止其他与此相关的潜在事故的出现。

同时通过交互式地改变这一 VR 模型中环境的参数或状态，从而找到如何避免类似事故发生的途径和注意事项。对已经发生的事故，根据现场的情况进行模拟，再现事故现场，以便清楚了解事故发生的全部原因，杜绝同类事故再次发生。

4. 进行安全教育，用虚拟现实技术进行现场模拟

让工作人员在虚拟环境中熟悉了解工作现场、工作程序及安全注意事项，直观生动，效果好。

虚拟现实技术应用于反恐、紧急突发事件等公共安全问题，在国外已经开始广泛应用，但在我国基本还是空白。虚拟现实技术应用在反恐、突发紧急事件中，具有明显的社会价值和经济价值，主要表现在：

① 降低了演练成本；
② 数字化技术提供了丰富、多变的内容；
③ 提供了长期、便利的训练方法；
④ 可以反复分析、评估；
⑤ 强化了关键技能；
⑥ 培养了公众在危难时刻救护和自保的能力。

课后习题

一、填空题

1. 虚拟现实技术主要应用于教育领域的_____、_____、_____三个方向。
2. _____时期，虚拟现实技术已经开始走出实验室，进入实际应用阶段。
3. 在建筑、房地产方面，虚拟现实技术主要应用于_____、_____、_____三个方面。

二、简答题

1. 简述虚拟现实技术的主要应用领域。
2. 简述虚拟现实技术在室内设计应用中的社会价值与经济价值。

第5章 增强现实概述

本章介绍

增强现实（Augmented Reality，AR）是一种实时地计算摄影机影像的位置及角度并加上相应图像的技术，这种技术的目标是在屏幕上把虚拟世界套在现实世界并进行互动。本章主要对增强现实技术的发展历程、关键技术以及应用领域进行详细介绍，使读者掌握增强现实的基本知识。

扫码观看视频

学习目标

○ 掌握增强现实的定义。
○ 掌握增强现实的关键技术。
○ 掌握增强现实的工作原理。
○ 熟悉增强现实的应用方向。
○ 了解增强现实的发展历史及现状。

5.1 增强现实的概念、发展历史及工作原理

5.1.1 增强现实的概念

增强现实的鼻祖人物是 Ivan sutherland，该技术由他于 1990 年提出，是一种全新的人机交互技术，利用摄影机将真实的环境和虚拟的物体实时地叠加到同一个画面或空间而同时存在。随着随身电子产品运算能力的提升，增强现实的用途将会越来越广。

增强现实通过计算机技术将虚拟的信息应用到真实世界，真实的环境和虚拟的物体实时地叠加到了同一个画面或空间同时存在。增强现实提供了在一般情况下不同于人类可以感知的信息。它不仅展现了真实世界的信息，而且将虚拟的信息同时显示出来，两种信息相互补充、叠加。在视觉化的增强现实中，用户利用头盔显示器把真实世界与计算机图形多重合成在一起，便可以看到真实的世界围绕着它。

增强现实借助计算机图形技术和可视化技术产生现实环境中不存在的虚拟对象，并通过传感技术将虚拟对象准确"放置"在真实环境中，借助显示设备将虚拟对象与真实环境融为一体，并呈现给使用者一个感官效果真实的新环境。因此，增强现实系统具有虚实结合、实时交互、三维注册的新特点。

5.1.2 增强现实的发展历史

增强现实显示器将把计算机生成的图形叠加到真实世界中。

自从20世纪70年代早期Pong进入电子游戏厅以来，视频游戏走进人们的生活已经有40多年了。增强现实的新技术将通过增强人们的所见、所听、所感和所闻，进一步模糊真实世界与计算机所生成的虚拟世界之间的界限。

从虚拟现实（创建身临其境的、计算机生成的环境）和真实世界之间的光谱来看，增强现实更接近真实世界。增强现实将图像、声音、触觉和气味按其存在形式添加到自然世界中。由此可以预见视频游戏会推动增强现实的发展，但是这项技术将不局限于此，而会有无数种应用。从旅行团到军队的每个人都可以通过此技术将计算机生成的图像放在其视野之内，并从中获益。

增强现实将真正改变人们观察世界的方式。想象用户自己行走在或者驱车行驶在路上。通过增强现实显示器（最终看起来像一副普通的眼镜），信息化图像将出现在用户的视野之内，并且所播放的声音将与用户所看到的景象保持同步。这些增强信息将随时更新，以反映当时大脑的活动。

增强现实是近年来国外众多知名大学和研究机构的研究热点之一。AR技术不仅有与VR技术相类似的应用领域，诸如尖端武器、飞行器的研制与开发、数据模型的可视化、虚拟训练、娱乐与艺术等领域具有广泛的应用，而且由于其具有能够对真实环境进行增强显示输出的特性，在医疗研究与解剖训练、精密仪器制造和维修、军用飞机导航、工程设计和远程机器人控制等领域，具有比VR技术更加明显的优势。

5.1.3 增强现实的工作原理

移动式增强现实系统的早期原型的基本理念是将图像、声音和其他感官增强功能实时添加到真实世界的环境中。这听起来十分简单，而且，电视网络通过使用图像实现上述目的已经有数十年的历史，但是电视网络所做的只是显示不能随着摄像机移动而进行调整的静态图像。增强现实远比人们在电视广播中见到的任何技术都要先进，尽管增强现实的早期版本一开始是出现在通过电视播放的比赛和橄榄球比赛中，例如Racef/x和添加的第一次进攻线，它们都是由SporTVision创造的。这些系统只能显示从一个视角能看到的图像。下一代增强现实系统将显示能从所有观看者的视角看到的图像。

在各类大学和高新技术企业中，增强现实还处于研发的初级阶段。最终，可能在几年后，人们将看到第一批大量投放市场的增强现实系统。一个研究者将其称为"21世纪的随身听"。增强现实要努力实现的不仅是将图像实时添加到真实的环境中，而且还要更改这些图像以适应用户的头部及眼睛的转动，以便图像始终在用户视角范围内。使增强现实系统正常工作需要三个组件：

①头戴式显示器；

②跟踪系统；

③移动计算能力。

增强现实开发人员的目标是将这三个组件集成到一个单元中，放置在设备中，该设备能以无线方式将信息转播到类似于普通眼镜的显示器上。

5.2　增强现实的研究现状

作为新型的人机接口和仿真工具，AR 受到的关注日益广泛，并且已经发挥了重要作用，显示出了巨大的潜力。

AR 是充分发挥创造力的科学技术，为人类的智能扩展提供了强有力的手段，对生产方式和社会生活产生了巨大而深远的影响。近些年，各家厂商在 AR 技术上的动作越来越密集。

随着技术的不断发展，其内容也势必将不断增加。而随着输入和输出设备价格的不断下降、视频显示质量的提高以及功能很强大但易于使用的软件的实用化，AR 的应用必将日益增长。AR 技术在人工智能、CAD、图形仿真、虚拟通信、遥感、娱乐、模拟训练等许多领域带来了革命性的变化。

在国外，Google 在旗下 YouTube 应用里添加了 stories 功能，亚马逊则直接推出了 VR/AR 软件开发工具 Sumerian，Facebook 也在印度开设了 VR 研究中心。

国内，"BAT"三巨头纷纷布局，阿里巴巴公司在 2018 年 10 月份的杭州"云栖大会"上就发布了阿里巴巴 AR 开放平台，如图 5-1 所示。腾讯公司也在腾讯全球合作伙伴大会上公布了 QQ-AR 平台，如图 5-2 所示。百度公司也早早就推出了 Dusee 这样的 AR 开放平台，如图 5-3 所示。中视典公司的 VRP（VR—Platform）虚拟现实软件已经在多个领域投入使用，涉及数字展馆、数字城市、场馆仿真、地产漫游、室内设计、旅游教学、文物古迹、应急预案、网上产品、网上看房、网上展馆、网上看车、影视拍摄等众多领域，如图 5-4 所示。

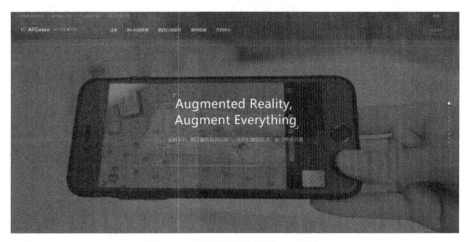

图 5-1　阿里巴巴公司的 AR 平台

图 5-2　腾讯公司的 QQ-AR 平台

图 5-3　Dusee 平台

图 5-4　中视典公司的 VRP

总体来讲,增强现实在中国处于起步阶段,现在许多虚拟现实领域的企业已经开始专注于"增强现实"的研发和应用。比如,中视典数字科技部门研发的 VRP 12.0 就集成了增强现实的功能。

5.3 增强现实和虚拟现实的区别和联系

目前,增强现实的一个优点是它的移动性很灵活。用户可以在任何地方体验增强现实,诸如 Pokemon Go 这样的游戏就努力鼓励玩家尽可能地探索现实世界。然而,许多增强现实的平台都无法让使用者与电子内容进行交互,并且只能被限定在小范围的视野和屏幕上(比如手机和平板的屏幕)。

AR 技术目前在不同领域应用较广,主要可分为行业应用、商业应用、消费级应用,见表 5-1。从应用场景来看,商品广告、幼儿教育是当前比较热门的应用场景。

表 5-1 AR 应用分类

项 目	行 业 应 用	商 业 应 用	消 费 级 应 用
应用场景	工业仿真维修、电视节目制作、项目展示、游乐园互动	商品广告、商品展示、商品试用	儿童教育、生活服务导航、位置社交等
代表性软件	"Liver Explorer" "MARTA 系统" "MiRA 应用"	"优衣库 Magic Mirror" "宜家 Ikea Catalog"	"随便走" "星途 Star Walk" "Junaio(魔眼)"
代表公司	Oglass、触角科技、光码互动、投石科技等	Blippar、摩艾客	摩艾客、迪士尼

增强现实和虚拟现实的区别在于:VR 是把真实世界的用户带入虚拟世界,AR 是把虚拟世界融入真实世界中,见表 5-2。

表 5-2 VR/AR 的区别和联系

分 类	VR	AR
相 同	结合计算机图形学、人机交互技术、人机接口技术、多媒体技术、传感技术、网络技术、人工智能技术等,借助计算机图像模拟环境、多感知(视觉、听觉、触觉、力觉、运动、嗅觉和味觉等)、自然技能和传感设备等方面,使得虚拟现实化或现实增强化	
差 异 (对浸没感的要求不同;对注册的含义和精度要求不同;应用的领域侧重不同)	创造与现实隔绝的虚拟世界,与现实环境无关;通过欺骗大脑,达到虚拟即现实的效果	一种实时地计算摄影机影像的位置及角度并加上相应图像的技术,这种技术的目标是在屏幕上把虚拟世界叠加在现实世界上并进行互动
	全是虚拟物体或信息,让人进入并不存在的虚拟环境中,并且该环境与现实环境无关	现实场景 + 虚拟物体或信息,人处于现实环境中,虚拟物体或信息叠加展现

（续）

分　类	VR	AR
差　异 （对浸没感的要求不同；对注册的含义和精度要求不同；应用的领域侧重不同）	环境是封闭的，只有佩戴该设备的人才能看到	环境是开放的，所有人均可见。目前需要佩戴AR类似眼镜，未来发展极致体验为裸眼可见
	使用浸没式头盔显示器，强调用户的感官与现实世界绝缘	使用透视式头盔显示器，强调用户在现实世界的存在性，同现实交互和增强信息
	注册在VR里是指呈现给用户的虚拟环境与用户的感官匹配	注册在AR里是指将计算机产生的虚拟物体与用户周围的真实环境全方位对接，并且要求用户在真实环境的运动过程中维持正确的对准关系
	主要应用领域在虚拟教育、数据和模型的可视化、军事仿真训练、工程设计、城市规划、娱乐和艺术等方面	主要应用在辅助教学与培训、医疗研究与解剖训练、军事侦察及作站指挥、精密仪器制造和维修等领域

5.4　增强现实系统的关键技术

增强现实系统的主要任务是进行真实世界和虚拟物体的无缝融合，需要解决真实场景和虚拟物体的合成一致性问题。为了确保真实世界和虚拟对象的无缝融合，在 AR 应用系统开发中必须要解决好三大关键问题和三项关键技术。

5.4.1　增强现实应用系统开发三大关键问题

增强现实应用系统开发的三大关键问题是如何解决真实场景和虚拟物体在几何、光照和时间方面的一致性问题。

几何一致性是解决虚拟对象和真实场景在空间中的一致性，是最基本的要求。

光照一致性是虚实融合场景真实感绘制的要求。

时间一致性是实现实时交互的要求。

在三大问题中，几何一致性和时间一致性是研究光照一致性的前提，因为只有高效、实时恢复场景的几何表示，才能进行精确的光照恢复，才能够得到具有强烈真实感的融合效果。

5.4.2　增强现实应用系统开发三大关键技术

1．虚实融合显示技术

目前，增强现实系统实现虚实融合显示的主要设备一般分为头戴式显示器、光学透视式显示器以及透视式显示器等。

（1）头戴式显示器

增强现实显示器仍相当笨重，但开发人员相信他们可以开发出类似眼镜的显示器。就像监视器能让人们看到计算机生成的文本和图像一样，头戴式显示器可以让人们看到由增强现实系统生成的图像和文本。到目前为止，还没有很多专门为理想中的增强现实系统开发的头戴式显示器。大多数显示器最初都是为虚拟现实而设计的，类似于某种类型的滑雪护目镜。目前有两种基本类型的头戴式显示器。

（2）光学透视式显示器

光学透视式显示器通过使用连接到护目镜外侧的小型视频摄像机来捕获影像，勾画出佩戴者的周围环境。在显示器的内侧实时播放视频影像，并且将图像添加到视频上。使用视频摄像机的一个问题是在时间上有较长的延迟，即当观看者转动他的头的时候，影像调整会有延迟。

（3）透视式显示器

大多数制作光学透视式显示器的企业已经停业。索尼公司生产过一款供某些研究人员使用的透视式显示器，名字叫 Glasstron。佐治亚理工学院增强环境实验室主任 Blair MacIntyre 相信，Microvision 的虚拟视网膜显示器（Virtual Retinal Display）最有希望成为未来的增强现实系统。此设备通过迅速移动的光源在纵横两个方向上扫过视网膜，因此实际上是利用光将影像映射到视网膜上。Microvision 显示器的问题是目前价格大约在10000 美元左右。MacIntyre 表示视网膜扫描显示器之所以有望成为未来的增强现实系统，是因为其体积有可能变小。他设想通过在一副外形普通的眼镜侧面安装光源来将影像投射到视网膜上。

2．跟踪注册技术

跟踪注册技术是实现移动增强现实应用的基础技术，也是决定移动增强现实应用系统性能优劣的关键。其主要完成的任务是实时检测出摄像头相对于真实场景的位姿状态，确定所需要叠加的虚拟信息在投影平面中的位置，并将这些虚拟信息实时显示在屏幕中的正确位置，完成三维注册。Hiball 跟踪系统使用光学感应设备和内嵌 LED 的天花板跟踪小范围内的移动，增强现实开发人员面临的最大挑战是需要知道用户相对于其周围的环境所处的位置。另外还有跟踪用户的眼睛和头部转动的问题。所以跟踪系统必须能识别这些运动，并且映射出与用户在任何特定时刻看到的真实世界相关的图像。限于当前的跟踪技术，目前的视频透视式显示器和光学透视式显示器通常在叠加的内容上都会有延迟。

增强现实要发挥其最大潜力，就必须在室外和室内都可以使用。目前，可用于大范围开放区域的最佳跟踪技术是全球定位系统（GPS）。但是，GPS 接收器的精确度大致为 10 ～ 30m，一般而言这个精确度还算不错，但是对于需要以毫米或更小单位来度量精确度的增强现实系统来说却不够好。如果映射的图像与用户实际看到的事物距离大约 10 ～ 30m，则增强现实系统就没有什么价值了。

有一些方法可以提高跟踪精确度。例如，军队使用的多重 GPS 信号。还有差分GPS，这种方法使用在已经过测量的区域。然后，系统会用带有天线的、能非常精确地知

道其位置的 GPS 接收器来跟踪用户在该区域内的位置。这使用户可以确切地知道他们的 GPS 接收器有多么不准确，从而可以相应地调整增强现实系统。差分 GPS 可以达到分米级别的精确度。而正在开发中的一种更为精确的实时动态 GPS 甚至可以达到厘米级别的精确度。

在小空间内进行跟踪比在大空间内要容易。北卡罗来纳大学教堂山分校的研究人员已经开发出了一种非常精确的系统，它可以在大约 46m² 的范围内工作。HiBall 跟踪系统是由两个部分组成的光电跟踪系统。

六个用户佩戴式光学传感器嵌入特殊天花板内的红外线发光二极管（LED）。该系统利用已知的 LED 位置、已知的用户佩戴式光学传感器的几何原理以及特殊的算法来计算和报告用户的位置和方向。该系统可以解析 0.2mm 内的线性移动和 0.03°以内的转动。它的更新频率超过 1500Hz，延迟保持在大约 1ms。

3．人机交互计算

对于可佩戴增强现实系统，还没有足够的计算能力来创建三维立体图形。因此，研究人员目前正在使用能够从笔记本式计算机和个人计算机所获得的各种图形处理能力。

东芝公司在其笔记本式计算机内添加了英伟达 GPU，它每秒钟能够处理超过 1700 万个三角形和 2.86 亿个像素，从而能够支持需占用大量 CPU 的程序，如 3D 游戏。但是笔记本式计算机仍然落后许多——英伟达已经开发了定制的 300MHz 3D 图形处理器用于微软推出的 Xbox 游戏机，它每秒可以生成 1.5 亿个多边形，而且这些多边形比三角形复杂得多。由此可以看出移动图形芯片还有多远的路要走，才能产生在家庭视频游戏系统中看到的那么流畅的图像。

增强现实系统交互技术是指将用户的交互操作输入到计算机后，经过处理将交互的结果通过显示设备显示输出的过程。

目前增强现实系统中的交互方式主要有三大类：外接设备、特定标志以及徒手交互。

外接设备：如鼠标键盘、数据手套等。传统的基于 PC 的增强现实系统习惯采用键盘—鼠标进行交互。这种交互方式精度高、成本低，但是沉浸感较差。另外一种是借助数据手套、力反馈设备、磁传感器等设备进行交互，这种方式精度高，沉浸感较强，但是成本也相对较高。随着可穿戴增强现实系统的发展，语音输入装置也成为增强现实系统的交互方式之一，而且在未来具有很大的发展前景。

特定标志：标志可以事先进行设计。通过比较先进的注册算法，可以使标志具有特殊含义，当用户看到标志之后就知道该标志的含义。因此基于特定标志进行交互能够使用户清楚明白操作步骤，降低学习成本。采用这种方式沉浸感要稍高于传统外接设备。

徒手式交互：一种是基于计算视觉的自然手势交互方式，需要借助复杂的人手识别算法。首先在复杂的背景中把人手提取出来，再对人手的运动轨迹进行跟踪定位，最后根据手势状态、人手当前的位置和运动轨迹等信息估算出操作者的意图并将其正确映射到相应的输入事件中。这种交互方式沉浸感最强，成本低，但算法复杂，精度不高，容易受光照等条件的影响。另外一种主要是针对移动终端设备。现如今移动终端的显示设备都具有可触碰的功能，甚至可支持多点触控。因此，可以通过触碰屏幕来进行交互。目前几乎所有的移动应用都采用这种交互方式。

5.5　增强现实应用领域

医疗领域：医生可以利用增强现实技术轻易地进行手术部位的精确定位。

军事领域：部队可以利用增强现实技术进行方位的识别，获得目前所在地点的地理数据等重要军事数据。

古迹复原和数字化文化遗产保护：文化古迹的信息以增强现实的方式提供给参观者，用户不仅可以通过 HMD 看到古迹的文字解说，还能看到遗址上残缺部分的虚拟重构。

工业维修领域：通过头盔式显示器将多种辅助信息显示给用户，包括虚拟仪表的面板、被维修设备的内部结构、被维修设备零件图等。

网络视频通信领域：该系统使用增强现实和人脸跟踪技术，通话的同时在通话者的面部实时叠加一些如帽子、眼镜等虚拟物体，在很大程度上提高了视频对话的趣味性。

电视转播领域：通过增强现实技术可以在转播体育比赛的时候实时将辅助信息叠加到画面中，使得观众可以得到更多的信息。

旅游、展览领域：人们在浏览、参观的同时，通过增强现实技术接收到途经建筑的相关资料，观看展品的相关数据资料。

市政建设规划：采用增强现实技术将规划效果叠加到真实场景中以直接获得规划的效果。

5.6　增强现实应用案例

1．2016 年里约奥运会 QQ—AR 火炬

在 2016 年的巴西里约奥运会期间，腾讯 QQ 推出"QQ—AR"传火炬活动，用户扫描好友手机中火炬传递海报图，就会跳出奥运主火炬、奥运主场馆和 Q 仔，Q 仔在喝红牛后举起火炬去点燃完成传递，如图 5-5 所示。这次活动在互动性上的创意可圈可点，在营销中融合社交、参与感、新技术，加上了奥运会的热点效应，引爆了传播。

为手机打开 QQ 火炬传递的图片，然后另一个手机打开 QQ 右上角的扫一扫、单击右下角的 QQ—AR 按钮，此时在扫描后就会依次跳出奥运主火炬、奥运主场馆和 Q 仔，胖嘟嘟的 Q 仔会先喝一口红牛，然后举起手中的小火炬去点燃，跳两下算是传递成功了，如图 5-6 所示。

数据显示，"QQ—AR"火炬活动覆盖 366 个城市，157 个国家，全球超过 1 亿人参与，其中单张 AR 火炬识别图在 24h 内超过 1211425 次扫描，创下了新的吉尼斯世界纪录。

之后，"QQ—AR"成为手机 QQ 常规入口，支付宝、淘宝、天猫、京东等 APP 相继增加"AR 扫一扫"入口，也带动了 AR 成为营销的新标配。

图 5-5　2016 里约奥运会 QQ—AR 火炬

图 5-6　火炬传递

2. 支付宝 AR 扫 5 福

2018 年新年活动最大的赢家无疑是支付宝，"AR 集福"活动在受众的普及上超越以往的任何一次 AR 活动，如图 5-7 所示。也是这次活动在国内完成 AR 的全民市场教育，让"AR"一词对普通人不再陌生。

新年、福、红包、收集、互动几大元素足以引发全民高潮。AR 的本质和终极目标是实现虚拟信息在真实世界的叠加。

图 5-7 AR 扫 5 福

3. 美图 AR 相机特效

在大众化的 AR 产品中，以美图、Snapchat 为代表的 AR 特效相机影响力足够广泛，在人脸部增加各种萌、酷效果进行拍照成为一种自拍潮流。目前，美图的系列产品以及各种直播产品中，这种方式已经普遍化。

2018 年 7 月，美图宣布成为 Facebook AR 工作室 Beta 早期测试版首家合作伙伴，为其提供三款 AR 相机特效，如图 5-8 所示。三款 AR 相机分别是明日自拍（Selfie from the Future）、美图家族（Meitu Family）和即时魅力（Instant Glam）。

（1）明日自拍（Selfie from the Future）

主要体现在独特的机器人眼镜效果，未来感十足，而且用户的面部信息将以数据的形式呈现在屏幕下方的显示屏上。

（2）即时魅力（Instant Glam）

该特效主要是向拍照者附加浴帽和牙刷的特效，面目还会展现可爱的星星特效，让使用者瞬间与众不同。

（3）美图家族（Meitu Family）

该款特效的卡通形象均由美图开发，头上的甜甜圈发箍是相机效果的主要特色，美图家族人物路易斯是前景对象。后置摄像头中可以呈现出虚拟的游戏效果，使用者可以在游戏浮动的甜甜圈中发现隐藏的 Meitu Family 字符。

此次合作在社交中增加了更多娱乐属性。对于营销行业来说，这种强社交、强娱乐、高黏度的 AR 营销也将成为主要进攻方向。

图 5-8　美图秀秀

4．宜家 AR 购物应用

瑞典家具家居用品品牌宜家在 AR 上布局已有几年，基于 ARKit 的 AR 应用 IKEA Place 支持消费者在购物前把与真实商品同规格的产品放在指定位置，以预先体验产品的匹配度，如图 5-9 所示。宜家一直在 AR/VR 方面勇于尝试新技术来提升产品的销量及体验，苹果的 ARKit 一推出，宜家就宣布已经在着手开发配合使用的 AR 应用，真的是家居界的“科技控”。

预体验类的 AR 营销目前并不少见，商品已经涉及汽车、手表、衣物、化妆品等各类型，但局限于手机屏幕、三维场景识别与重建等技术，并不能完美地模拟真实商品的感觉。但这种方式与目前二维图片、视频等网页信息相比，不得不说是一次巨大的进步，让零售从二维走向三维。

亨得利 AR 手表、上汽通用 AR 看车、京东 AR 购物等体验都可圈可点。这里之所以选择宜家作为代表，是因为从目前的场景中来说，家具产品明显更有想象力，居住环境、风格差异大，个人喜好同样有很大区别，高沉浸感的商品预体验正在升级消费方式。也许，不远的将来所有的商品都能“预体验”。

图 5-9　宜家 AR 购物应用

目前，Facebook、Snapchat、Google 等正在探索基于 AR 的市场营销，让智能手机随时随地享受增强现实体验的能力，希望在接下来的几年，可以出现更多种形式、更有参与感的 AR 营销内容。

课 后 习 题

一、填空题

1．增强现实的主要特征包括_____、_____、_____。

2．增强现实的关键技术包括_____、_____、_____。

3．_____是增强现实设备的典型代表。

4．增强现实中，头戴显示器有_____、_____。

5．HiBall 跟踪系统是由_____、_____两个部分组成的光电跟踪系统。

二、简答题

1．增强现实技术与虚拟现实技术的区别是什么？

2．增强现实技术的主要应用领域有哪些？

3．简述增强现实的工作原理。

第6章 混合现实概述

 本章介绍

混合现实技术（Mixed Reality，MR）是虚拟现实技术的进一步发展，该技术通过在现实场景中呈现虚拟场景信息，在现实世界、虚拟世界和用户之间搭起一个交互反馈的信息回路，以增强用户体验的真实感。本章主要对混合现实技术的概念、特点、发展历程以及相关技术进行详细介绍，使读者掌握混合现实基本知识。

 学习目标

扫码观看视频

○ 掌握混合现实的定义。
○ 正确区分虚拟现实、混合现实与增强现实。
○ 掌握混合现实的关键技术。
○ 熟悉混合现实的应用方向。
○ 了解混合现实的发展历史及现状。

6.1 混合现实的概念及特点

6.1.1 混合现实的概念

混合现实技术是虚拟现实技术的进一步发展，该技术通过在现实场景中呈现虚拟场景信息，在现实世界、虚拟世界和用户之间搭起一个交互反馈的信息回路，以增强用户体验的真实感。

6.1.2 混合现实的特点

混合现实（包括增强现实和增强虚拟）指的是合并现实和虚拟世界而产生的新的可视化环境。在新的可视化环境里物理和数字对象共存，并实时互动。系统通常有三个主要特点：

第一，它结合了虚拟和现实；第二，虚拟的三维（3D 注册）；第三，实时运行。

混合现实的实现需要在一个能与现实世界各事物相互交互的环境中。如果一切事物都是虚拟的那就是 VR 的领域了。如果展现出来的虚拟信息只能简单叠加在现实事物上，那就是 AR。MR 的关键点就是与现实世界进行交互和信息的及时获取。

MR 既是"混合现实"又是由"智能硬件之父"多伦多大学教授 Steve Mann 提出的介导现实，全称 Mediated Reality。

在 20 世纪七八十年代，为了增强简单自身视觉效果，让眼睛在任何情境下都能够"看到"周围环境，Steve Mann 设计出可穿戴智能硬件，这被看作是初步对 MR 技术的探索。

VR 是纯虚拟数字画面，而 AR 是虚拟数字画面加上裸眼现实，MR 是数字化现实加上虚拟数字画面。从概念上来说，MR 与 AR 更为接近，都是一半现实一半虚拟影像，但传统 AR 技术运用棱镜光学原理折射现实影像，视角不如 VR 视角大，清晰度也会受到影响。

MR 技术结合了 VR 与 AR 的优势，能够更好地将 AR 技术体现出来。

根据 Steve Mann 的理论，智能硬件最后都会从 AR 技术逐步向 MR 技术过渡。"MR 和 AR 的区别在于 MR 通过一个摄像头让用户看到裸眼都看不到的现实，AR 只能叠加虚拟环境而不管现实本身"。

一般来说，虚拟现实的常见载体都是智能眼镜，如今，第一款融合了 MR 技术的智能眼镜正在开发阶段，离投入商用还需要一定时间。

为了解决视角和清晰度问题，新型的 MR 技术将会投入在更丰富的载体中，除了眼镜、投影仪外，目前研发团队正在考虑用头盔、镜子、透明设备做载体的可能性。

真正的混合现实游戏是可以把现实与虚拟互动展现在玩家眼前的。MR 技术能让玩家同时保持与真实世界和虚拟世界的联系，并根据自身的需要及所处情境调整操作。简单来说就是 AR 技术与 VR 技术的完美融合以及升华，虚拟和现实互动，不再局限于现实，获得前所未有的体验。

总之，MR 设备给到用户的是一个混沌的世界：如果使用数字模拟技术（显示、声音、触觉等），那么用户根本感受不到二者的差异。正是因为 MR 技术更有想象空间，它将物理世界实时并且彻底地比特化了，又同时包含了 VR 和 AR 设备的功能。

有研究机构预估，到 2020 年全球头戴虚拟现实设备年销量将达 4000 万台左右，市场规模约 400 亿元，加上内容服务和企业级应用，市场容量超过千亿元。国内一线科技企业已加入 VR 设备及内容的研发中，而在内容创造方面，也已经有了"超次元 MR"这样的作品，这必然推动 VR 更快向 AR、MR 技术过渡。

目前全球从事 MR 领域的企业和团队都比较少，很多都处于研究阶段。

6.2 混合现实、虚拟现实和增强现实的关系

混合现实、虚拟现实和增强现实三者的关系：

虚拟现实——看到的场景和人物全是虚拟的，是把用户的意识带入一个虚拟的世界；

增强现实——看到的场景和人物一部分是真实的一部分是虚拟的，是把虚拟的信息带入现实世界中；

混合现实——看到的是一个混沌的世界，它将物理世界实时并且彻底地比特化了，又同时包含了 VR 和 AR 设备的功能。

三者之间的关系如图 6-1 所示。

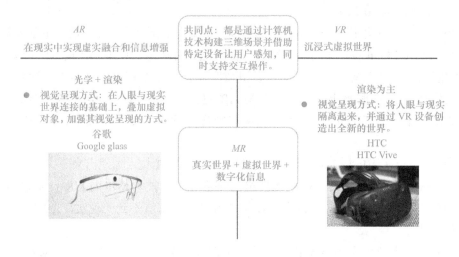

图 6-1　AR/VR/MR

VR 如图 6-2 所示。它是利用计算设备模拟产生一个三维的虚拟世界，提供用户关于视觉、听觉等感官的模拟，有十足的"沉浸感"与"临场感"。通俗来说就是用户看到的所有东西都是计算机生成的，都是虚拟的。VR 技术的发展是改变现代人生活方式的一大突破，目前最主要的 VR 设备就是头戴显示器以及一些 VR 增强外设等，还有一些与之适配的应用。典型的输出设备就是 Oculus Rift、HTC Vive 等。

AR 如图 6-3 所示。字面解释就是被增强的现实，也即是虚拟信息被增强。它通过计算机技术将虚拟的信息应用到真实世界，使真实的环境和虚拟的物体实时地叠加到同一个画面或空间中，使之能够同时存在。通过 AR 技术，人们看到的场景有真有假、真假结合。两个典型的 AR 系统是车载系统和智能手机系统，被讨论最多的 AR 设备是 Google Glass。

图 6-2　虚拟现实

图 6-3　增强现实

　　MR 如图 6-4 所示。包括增强现实和增强虚拟，指的是合并现实和虚拟世界而产生的新的可视化环境。在新的可视化环境里物理和数字对象共存，并实时互动。混合现实是在 VR 和 AR 兴起的基础上才提出的一项概念，可以把它视为 AR 的增强版。MR 技术在目前主要向可穿戴设备方向发展。其代表为 Magic Leap 公司，该公司研究的可穿戴硬件设备可以给用户展示融合现实世界场景的全息影像。其创始人将其描述为一款小巧的独立计算机，人们在公共场合使用也可以很舒服。此外，它还涉及视网膜投影技术。三者之间的特性对比见表 6-1。

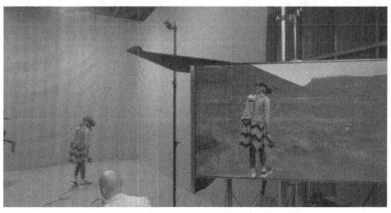

图 6-4　混合现实

表6-1 AR、MR、VR功能特性对比

功能特性	虚拟现实	增强现实	混合现实
为现实世界场景增添更多信息		√	√
生成渲染现实世界的全息影像			√
将使用者的感官带入虚拟世界	√		√
完全替代现实世界场景	√		
出现成熟的企业级应用所需的时间	2～4年	2～4年	3～7年

总结一下就是，VR是虚拟的，假的；AR是虚拟与现实结合，真真假假、真假难辨；而MR则是AR的增强版，与AR没有明显的区分，也是真真假假结合在一起。与VR和AR相比，MR的概念兴起较晚，在目前发展也较为缓慢。

6.3 混合现实交互技术

6.3.1 混合现实交互技术的概念

混合现实交互技术也称人机交互技术（Human-Computer Interaction Techniques）是指通过计算机输入、输出设备，以有效的方式实现人与计算机对话的技术。它包括机器通过输出或显示设备给人提供大量有关信息及提示请示等，用户通过输入设备给机器输入有关信息及提示请示等，用户通过输入设备给机器输入有关信息，回答问题等。人机交互技术是计算机用户界面设计中的重要内容之一。它与认知学、人机工程学、心理学等学科领域有密切的联系。也指通过电极将神经信号与电子信号互相联系，达到人脑与计算机互相沟通的技术，可以预见，计算机甚至可以在未来成为一种媒介，达到人脑与人脑意识之间的交流，即心灵感应。

6.3.2 混合现实交互技术的主要特点

多媒体系统的交互特点：与传统用户界面相比，引入了视频和音频之后的多媒体用户界面，最重要的变化就是界面不再是一个静态界面，而是一个与时间有关的时变媒体界面。

人类使用语言和其他时变媒体（如姿势）的方式完全不同于其他媒体。从向用户呈现的信息来讲，时变媒体主要是顺序呈现的，而人们通常熟悉的视觉媒体（文本和图形）通常是同时呈现的。在传统的静止界面中，用户或是从一系列选项中进行选择（明确的界面通信成分），或是用可再认的方式进行交互（隐含的界面通信成分）。在时变媒体的用户界面中，所有选项和文件必须顺序呈现。由于媒体带宽和人的注意力的限制，在时变媒体中，用户不仅要控制呈现信息的内容，也必须控制何时呈现和如何呈现。

VR系统中人机交互的特点：人机交互可以说是VR系统的核心，因而，VR系统中人机交互的特点是所有软硬件设计的基础。其特点如下：

观察点（Viewpoint）是用户做观察的起点。

导航（Navigation）是指用户改变观察点的能力。

操作（Manipulation）是指用户对其周围对象起作用的能力。

临境（Immersion）是指用户身临其境的感觉，这在 VR 系统中越来越重要。

VR 系统中人机交互若要具备这些特点，就需要发展新的交互装置，其中包括三维空间定位装置、语言理解、视觉跟踪、头部跟踪和姿势识别等。

多媒体与 VR 系统的人机交互有着某些共同特点。首先，它们都是使用多个感觉通道，如视觉和听觉；其次，它们都是时变媒体。

6.3.3 混合现实交互技术的发展历史

混合现实交互技术的市场需求是很大的，而供应方面却略显不足，尤其是拥有核心知识产权、技术过硬的企业并不多，行业整体缺乏品牌效应。

第一，WIMP 界面的形成。

Xerox Palo 研究中心于 20 世纪 70 年代中后期研制出原型机 Star，形成了以窗口（Windows）、菜单（Menu）、图符（Icons）和指示装置（Pointing Devices）为基础的图形用户界面，也称 WIMP 界面。

Apple 最先采用了这种图形界面，斯坦福研究所 20 世纪 60 年代的发展计划也对 WIMP 界面的发展产生了重要的影响。该计划强调增强人的智能，把人而不是技术放在人机交互的中心位置。该计划的结果导致了许多硬件的发明，众所周知的鼠标就是其中之一。

第二，WIMP 界面面临的问题以及发展多媒体计算机和 VR 系统的出现，改变了人与计算机通信的方式和要求，使人机交互发生了很大的变化。在多媒体系统中继续采用 WIMP 界面有其内在的缺陷：随着多媒体软硬件技术的发展，在人机交互界面中计算机可以使用多种媒体，而用户只能同时用一个交互通道进行交互，因而从计算机到用户的通信带宽要比从用户到计算机的大得多，这是一种不平衡的人—计算机交互。

虚拟现实技术除了要求有高度自然的三维人机交互技术外，由于受交互装置和交互环境的影响，不可能也没有必要对用户的输入做精确的测量，而是一种非精确的人机交互。三维人机交互技术在科学计算可视化和三维 CAD 系统中占有重要的地位。

基于 WIMP 技术的图形用户界面，从本质上讲是一种二维交互技术，不具有三维直接操作的能力。要从根本上改变这种不平衡的通信，人机交互技术的发展必须适应从精确交互向非精确交互、从单通道交互向多通道交互以及从二维交互向三维交互的转变，发展用户与计算机之间快速、低耗的多通道界面。在传统的人机系统中，人被认为是操作员，只是对机器进行操作，而无真正的交互活动。在计算机系统中人还是被称为用户。只有在 VR 系统中的人才是主动的参与者。

人类生活中的事件都是多通道的，人—计算机多通道交互技术的发展虽然受到软件和硬件的限制，但至少要满足两个条件：其一，多通道整合，不同通道的结合对用户的体验是十分重要的；其二，在交互中允许用户产生不精确的输入。

第一，非精确的交互。语音（Voice）主要以语音识别为基础，但不强调很高的识别率，而是借助其他通道的约束进行交互。

姿势（Gesture）主要利用数据手套、数据服装等装置对手和身体的运动进行跟踪，完

成自然的人机交互。

头部跟踪（Head Tracking）主要利用电磁、超声波等方法，通过对头部的运动进行定位交互。

视觉跟踪（Eye Tracking）对眼睛运动过程进行定位的交互方式。

第二，多通道交互的体系结构。

多通道交互的体系结构首先要能保证对多种非精确的交互通道进行综合，使多通道交互存在于一个统一的用户界面之中，同时，还要保证这种通道的综合在交互过程中的任何时候都能进行。良好的体系结构应能保证多个通道的综合不只是发生在应用程序这一级。

人机交互技术是目前用户界面研究中发展得最快的领域之一，对此，各国都十分重视。美国在国家关键技术中将人机界面列为信息技术中与软件和计算机并列的六项关键技术之一，并称其为"对计算机工业有着突出的重要性，对其他工业也是很重要的"。在美国国防关键技术中，人机界面不仅是软件技术中的重要内容之一，而且是与计算机和软件技术并列的 11 项关键技术之一。欧洲信息技术研究与发展战略计划（ESPRIT）还专门设立了用户界面技术项目，其中包括多通道人机交互界面（MultiModal Interface for Man—Machine Interface）。保持在这一领域中的领先，对整个智能计算机系统是至关重要的。我们可以以发展新的人机界面交互技术为基础，带动和引导相关软硬件技术的发展，使更有效地使用计算机的计算处理能力成为可能。

6.3.4 混合现实交互技术的研究现状

混合现实技术已经取得了不少研究成果，不少产品已经问世。侧重多媒体技术的有：触摸式显示屏实现的"桌面"计算机，能够随意折叠的柔性显示屏制造的电子书，从电影院搬进客厅指日可待的 3D 显示器，使用红、绿、蓝光激光二极管的视网膜成像显示器；侧重多通道技术的有："汉王笔"手写汉字识别系统，结合在微软的 Tablet PC 操作系统中的数字墨水技术，广泛应用于 Office 等办公、应用软件中的 IBM/Via Voice 连续中文语音识别系统，输入设备为摄像机、图像采集卡的手势识别技术，以 iPhone 手机为代表的可支持更复杂的姿势识别的多触点式触摸屏技术，以及 iPhone 中基于传感器的捕捉用户意图的隐式输入技术。

人机交互技术领域热点技术的应用潜力已经开始展现，比如，智能手机配备的地理空间跟踪技术，应用于可穿戴式计算机、隐身技术、浸入式游戏等的动作识别技术，应用于虚拟现实、遥控机器人及远程医疗等的触觉交互技术，应用于呼叫路由、家庭自动化及语音拨号等场合的语音识别技术，对于有语言障碍的人士的无声语音识别，应用于广告、网站、产品目录、杂志效用测试的眼动跟踪技术，针对有语言和行动障碍人员开发的"意念轮椅"采用的基于脑电波的人机界面技术等。

热点技术的应用开发是机遇也是挑战，基于视觉的手势识别率低，实时性差，需要研究各种算法来改善识别的精度和速度，眼睛虹膜、掌纹、笔迹、步态、语音、唇读、人脸、DNA 等人类特征的研发应用也正受到关注，多通道的整合也是人机交互的热点，另外，与"无所不在的计算""云计算"等相关技术的融合与促进也需要继续探索。

6.3.5 手势识别技术

手势识别对于人们来说并不陌生，手势识别技术很早就有，目前也在逐渐成熟，现在大部分消费类应用都在试图增加这一识别功能，智能家居、智能可穿戴以及 VR 等应用领域增加了手势识别控制功能，必能成为该应用产品的一大卖点。手势识别可以带来很多的好处，功能炫酷，操作方便，在很多应用场合都起到了良好的助力功能。

识别人体手势操作即能识别用户十指的动作路径、手势动作，识别十指目标、运动轨迹，并将识别信息实时转化为指令信息。

6.3.6 3D 交互技术

三维交互技术指在计算机中创建产品的三维模型，然后通过交互设计软件设定交互程序，用户可以通过鼠标等交互设备实施人机交互的新兴技术。

三维交互技术应用广泛，可以于展会上配合实物产品一起展示，动态的演示即吸引人眼球，又使产品细节表现更清楚，使产品介绍更到位，客户更容易理解。企业网站上展示、创新形式结合高科技的营销手法是公司新锐形象和雄厚实力的象征，作为市场宣传推广工具，直观的内容形式和新颖的手法使人不厌烦，减少营销环节，当作一份动态的产品使用说明书，客户看得轻松又易懂，使用产品更方便，成为内部人员培训的视频教程，让他们看的内容更容易懂。作为常规的宣传品，可实现永久的保质和无限次重复使用，避免传统广告物料浪费、移动性差、损坏率高甚至是一次性使用等弊端。建筑漫游产品演示，可让购房者更直观地观察楼盘的立体效果和室内环境，从而使推销工作更好地开展。三维虚拟交互演示技术比传统的视频图像演示模式更直观，优势十分明显，发展潜力巨大。

6.4 混合现实应用案例

2018 年 1 月 8 日，武汉协和医院骨科成功实施全球首例混合现实技术三地远程会诊手术。位于中国中部和美国东海岸的远程医生戴上特殊头盔，仿佛拥有了透视眼，患者病灶部位的全息投影成像精准地"悬浮"在眼前，如身临其境般进行指导。远在新疆维吾尔自治区博尔塔拉蒙古自治州人民医院的主刀医生同样戴着头盔，仿佛远程专家举着模型并肩而站，一边演示一边标注手术路径，体验"手把手"的现场教授。

混合现实技术打破时空局限，将远程专家带进本地手术室，无论从时效性、精准性、安全性上说都具备不可比拟的优势。通过读取病人的 CT、核磁共振、X 光片等数据，生成 3D 全息影像模型，戴着眼镜就能看到病人病灶部位的 3D 影像。不仅如此，它还可以将 3D 影像拖拽到现实空间进行缩放、旋转、移动、改变透明度等操作，能够更加便捷、直观地对手术给予帮助。

此次的"武汉—新疆—美国"三地远程会诊，总部设在武汉，参谋部远在大洋彼岸，实战场设在新疆。来自汉族、蒙古族、维吾尔族、乌孜别克族等不同民族的 30 余名骨科医生、工程技术人员历时两天，圆满完成会诊手术。此举标志着我国科研团队已经完全掌握了领先世界的混合现实远程会诊技术，并能够在全球范围内同时应用多地会诊，如图 6-5 ~图 6-7 所示。

图 6-5　混合现实远程会诊会前讨论

图 6-6　混合现实远程会诊方案讨论

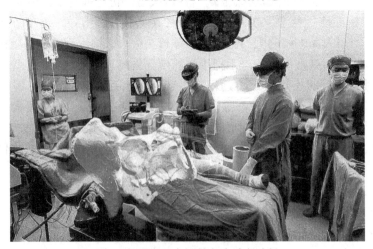

图 6-7　混合现实远程会诊手术过程

课后习题

一、填空题

1．混合现实系统的典型代表是_____和_____。

2．混合现实技术的基本特征包括它结合了虚拟和现实、_____和_____。

3．MR=VR＋AR=_____＋_____＋_____，就是 AR 技术与 VR 技术的完美融合以及升华，虚拟和现实互动。

4．混合现实技术的主要特点_____、_____、_____。

二、简答题

1．请分别阐述 VR、AR、MR 的概念，并阐述 VR、AR、MR 的区别和联系。

2．简述混合现实交互技术的主要应用领域。

第7章 虚拟现实项目实训

 本章介绍

在学习完虚拟现实概念、产品、关键技术和应用领域等理论知识的基础上，本章将介绍混合现实系统、虚拟驾驶、跑步机、步行 VR、虚拟骑行、多人互动全息实训、多人追踪 VR 设备、3D 扫描仪、360°全息设备、无人机、眼动仪、洞穴系统、地面互动系统等设备的具体操作流程。

 学习目标

- ◯ 掌握各个设备的操作流程。
- ◯ 掌握各个设备的安装步骤。
- ◯ 熟悉各个设备的部件。

7.1 计算机配置要求以及 HTC VIVE 的安装与使用

1．虚拟现实实训室计算机配置要求

处理器：第七代 Intel 酷睿 i7 7700K。

散热器：不采用 CPU 自带的风扇，另外购买品牌风扇。

主板：ATX 板型，CPU 插槽支持 LGA 1151。

显卡：NVIDIA GTX1080 或以上。

内存：16GB，DDR4，双通道 2×8GB 即可。

主硬盘：2TB 机械硬盘。

固态硬盘：512GB。

电源：650W。

光驱：蓝光刻录机。

机箱：ATX 结构散热性能好的即可。

2．HTC VIVE 的安装与使用

扫码观看视频

HTC VIVE 简称虚拟游戏头盔，是一款目前全球领先的 VIVE 头戴式设备，由 HTC 与 Valve 联合开发，通过计算机下载场景，头盔中展示逼真的虚拟世界，通过五官及四肢来感受、辨识，配备的手柄用来控制方向或者武器等，带用户进入一个场景，如同身临其境。

（1）HTC VIVE 设备组成

HTC VIVE 设备主要由三个部分组成：分别是头戴式设备、两个激光定位器和两个手柄，如图 7-1 所示。

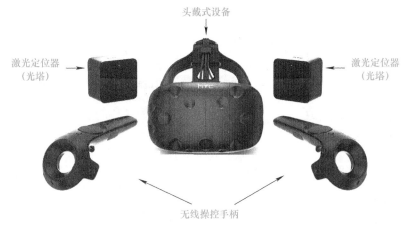

图 7-1　HTC VIVE 设备组成

1）头戴式设备。头戴式设备有 32 个头戴式设备感应器，感应器的作用是实现 360°的追踪；头戴式设备的前置摄像头作用是将现实世界元素融入虚拟世界中；除此之外头戴式设备带可以根据佩戴者的实际需求进行调节，如图 7-2 所示。

2）手柄。HTC VIVE 手柄由 8 部分按键组成，两个手柄各有 24 个感应器，如图 7-3 所示。手柄各部分按键，如图 7-4 所示。

图 7-2　头戴式设备

图 7-3　手柄

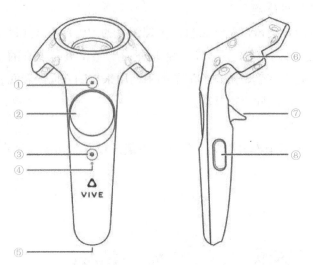

图 7-4　HTC VIVE 手柄按键标示

HTC VIVE 手柄按键说明：

① 菜单按钮。

② 触控板。

③ 系统按钮。

④ 状态指示灯。

⑤ Micro-USB 端口。

⑥ 追踪感应器（各有 24 个）。

⑦ 扳机。

⑧ 手柄按钮。

手柄指示灯含义：

绿色：表示 HTC VIVE 手柄目前状态正常，可以正常使用。

蓝色：表示手柄已经成功和头戴式设备配对。

橙色：表示手柄正在充电，当手柄变为绿色时，表示充电完毕。

闪烁红色：手柄低电量，需要充电。

闪烁蓝色：表示操控手柄正在和头戴式设备进行配对，配对方法为同时按住菜单按钮和系统按钮，直到蓝色灯闪烁。

开启或者关闭手柄的方法：

① 开启手柄：直接按下手柄按钮即可，如果听到"哔"的一声，则表示已经成功开启了 HTC VIVE 手柄。

② 关闭手柄：直接长按系统按钮，如果听到"哔"的一声则表示已经成功关闭了手柄。

注意，如果直接关闭了 Steam VR 程序或者是一段时间内没有使用手柄，都会导致手柄自动关闭。

3）激光定位器。激光定位器有两个，如图 7-5 所示。

图 7-5　激光定位器

激光定位器的两种连接方式分别是有线连接和无线连接。

（2）HTC VIVE 配置流程

1）硬件准备。图形工作站的主要参数见表 7-1。含机箱、显示器、键鼠及设备用电缆、插线板。

表 7-1　图形工作站主要参数

硬　　件	配　　置
CPU	i7-7700 16GB
硬盘	1TB+256GB SSD
显卡	华硕 GTX1070 8GB 独立显卡
操作系统	Windows10 系统
显示器	三星 27in 曲面屏

HTC VIVE 整套设备见表 7-2，含各部件、线缆、电源线、操控手柄充电器。

表 7-2　HTC VIVE 整套设备

类　目	数　量	配　件
全部部件	7	头戴式设备、手柄 ×2、串流盒、延长盒、激光定位器 ×2
全部线缆	3	USB 连接线、HDMI 连接线、定位器连接线
电源线	3	定位器电源线 ×2、串流盒电源线
操控手柄充电器	2	手柄充电器 ×2

其他：HTC VIVE 支架 ×2。

可备用：一根连接计算机的 USB 数据线，用于定位器故障排查。

2）软件准备。

PC：Windows 7 SP1 或者更高版本（推荐 Windows10）。

HTC 驱动：官网下载以下两个软件，安装并更新，如图 7-6 所示。

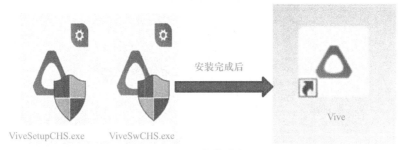

图 7-6　软件准备

游戏平台：Steam 的 Steam VR 或 VIVE，分别如图 7-7 和图 7-8 所示。

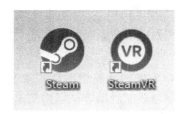

图 7-7　Steam 平台

图 7-8　VIVE 平台

3）设备安装。

① 了解激光定位器（光塔），注意不要让障碍物阻挡定位器的视线，以便设备可以追踪用户在空间中的位置，如图 7-9 所示。

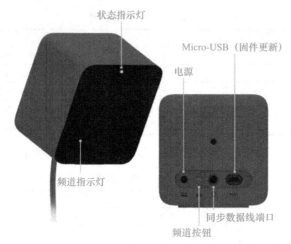

状态指示灯
Micro-USB（固件更新）
电源
频道指示灯
同步数据线端口
频道按钮

图 7-9　了解激光定位器

② 确定激光定位器位置，每个定位器的视场为 120°，要确保准确追踪，在安装定位器时应让其视场重叠，并完全覆盖所规划的游玩区。将定位器置于对角，面向游玩区中心。将定位器安装在离地 2m（6ft 5in）或更高的地方，将其向下倾斜 30°～45°，如图 7-10 所示。

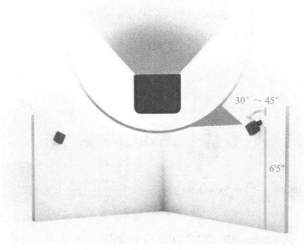

30°～45°

6'5"

图 7-10　确定激光定位器位置

③ 安装定位器，确保定位器已牢固安装，因为振动会影响追踪功能，用 HTC 支架或者用螺钉固定墙面进行安装，如图 7-11 所示。

④ 启动定位器，为定位器连上电源适配器，表面的状态指示灯（绿色）显示定位器是否已启动。不要在定位器开启时进行调整，移动定位器前确保定位器内部电动机已停止工作，同步数据线为可选，仅在定位器同步出现问题时才需要使用，如图 7-12 所示。

图 7-11 安装定位器　　　　　　　　　　　　　　　图 7-12 启动定位器

⑤ 检查频道，找到每个定位器正面的字母。确保一个定位器设为 b，另一个设为 c，如果需要更改定位器频道，请按背面的频道按钮，如图 7-13 所示。

⑥ 检查状态指示灯，确保两个定位器的状态指示灯都为绿色，如图 7-14 所示。

频道指示灯　　　　　　　　　　　频道按钮

图 7-13 检查频道　　　　　　　　　　　　　　　　图 7-14 检查状态指示灯

⑦ 通过头戴式设备进入虚拟现实场景，头戴式设备中的感应器会通过定位器追踪并定位体验者在空间中的位置。注意，不要将头戴式设备暴露于阳光直射下，因为这可能会损坏设备，如图 7-15 所示。

⑧ 使用串流盒可以将头戴式设备连接至计算机，如图 7-16 所示。

⑨ 通过手柄与虚拟物体进行交互，操控手柄中的感应器会通过定位器追踪并定位体验者在空间中的位置，如图 7-17 所示。

⑩ 头戴式设备组件，如图 7-18 所示。

⑪ 将串流盒连接至计算机。将电源适配器插入串流盒，然后插入电源插座，用 USB 数据线将串流盒连接至计算机的 USB 端口。用 HDMI 连接线将串流盒连接至计算机显卡（GPU）的 HDMI 端口。如果没有可用的 HDMI 端口，则可以采用 Mini Displayport 数据线将串流盒连接至计算机，如图 7-19 所示。

⑫ 设备安装。安装头戴式 VR 眼镜，分别连接 HDMI 线、电源线、USB 数据线到串流盒上，如图 7-20 所示。

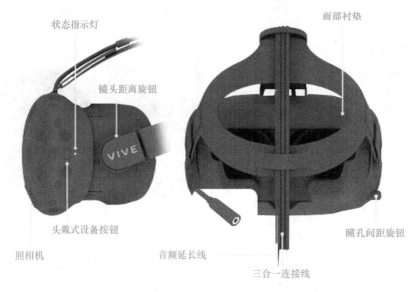

图 7-15　头戴式设备

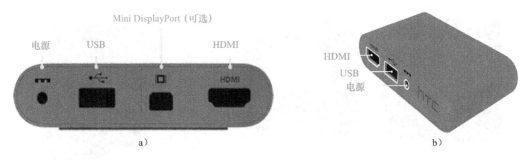

a）

b）

图 7-16　串流盒

a）PC 端连接至计算机　b）VR 橙色端口连接至头戴式设备

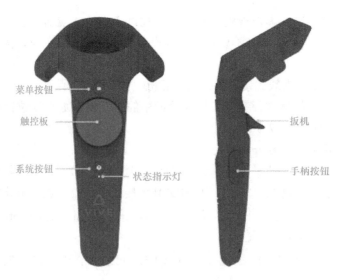

图 7-17　操控手柄

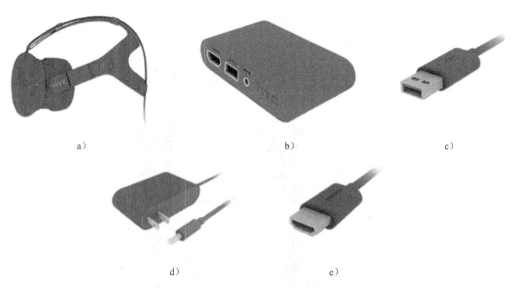

图 7-18　头戴式设备组件

a）附带三合一连接线和音频线的头戴式设备　b）串流盒　c）USB 数据线　d）串流盒电源适配器　e）HDMI 连接线

图 7-19　串流盒连接

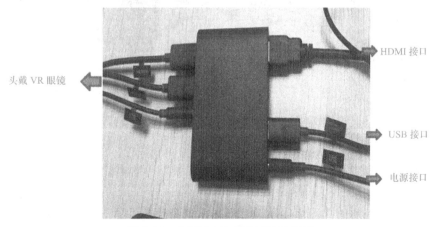

头戴 VR 眼镜　HDMI 接口　USB 接口　电源接口

图 7-20　串流盒 VR 端和 PC 端连接

将 HDMI 线、USB 数据线的另一端连接在 PC 的对应位置，如图 7-21 所示。

HDMI 接口

DP 接口
（PC 显示器）

图 7-21　计算机连接

4）搭建及设置。

① 搭建环境规模：定位器 2m 以上，高于身高俯角 30°～40° 对角线 5m 内构成方形区域 4m×4m 内，如图 7-22 所示。

图 7-22　搭建环境规模

② PC 显示器右下角显示设备就绪状态，确认头戴显示器和定位器已经就绪，如图 7-23 所示。

③ 单击黑框左上角的"运行房间设置"按钮，并长按手柄的系统按钮开启手柄，如图 7-24 所示。

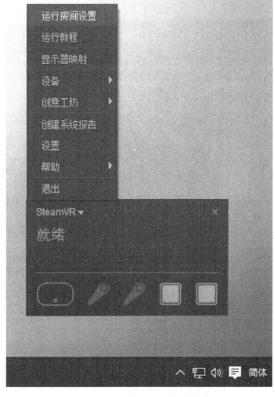

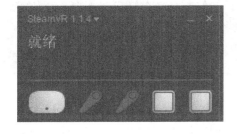

图 7-23 Stearm VR 显示   图 7-24 运行房间设置

④ 戴上头盔显示器和耳机，并拿上无线操控手柄，如图 7-25 和图 7-26 所示。

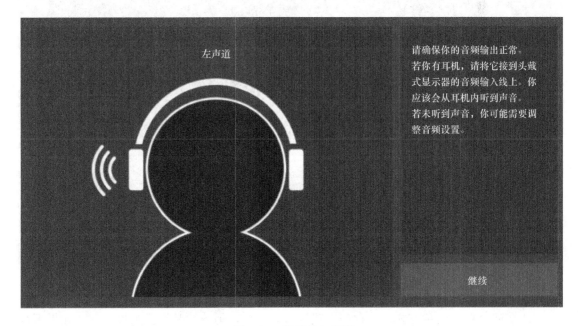

图 7-25 音频输入界面

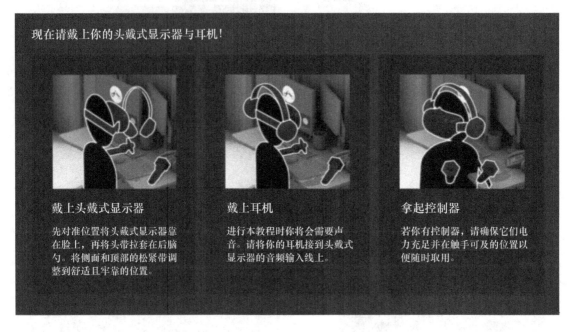

图 7-26　戴上头盔显示器和耳机

⑤ 两个定位器之间腾出的空间不小于 2m×1.5m，或大约 6.5ft×5ft，如图 7-27 所示。

图 7-27　腾出空间

⑥ 房间设置有两种方式：一种是设置为房间规模，另一种是设置为仅站立。如果可行动空间不小于 2m×1.5m 或大约 6.5ft×5ft 则设置为房间规模；如果可行动空间有限则设置为

仅站立，如图 7-28 所示。

图 7-28　房间设置的两种方式

⑦ 长按系统按钮打开控制器，如图 7-29 所示。

图 7-29　建立定位

⑧ 使用控制器设置显示器位置、地面高度、可活动范围等，如图 7-30 所示。

图 7-30 定位显示器

⑨ 校准地面，如图 7-31 所示。

图 7-31 校准地面

⑩ 测量可用空间，如图 7-32 所示。

图 7-32 测量空间

⑪ 握住扳机用手柄描绘可用空间，如图 7-33 所示。

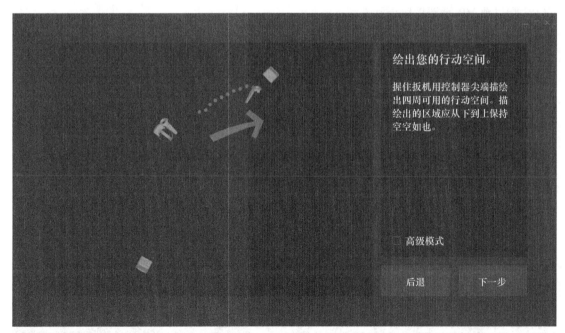

图 7-33 绘出行动空间

⑫ 设置可活动范围时，长按扳机不放手，直至完成如下步骤，如图 7-34 所示。

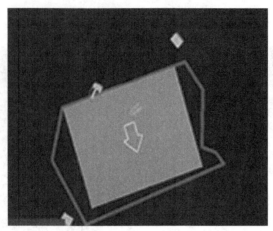

图 7-34　设置活动范围

⑬ 设备调试。进入 VIVE 内容平台即可开始体验，如图 7-35 所示。

5）常见问题。

① 低于推荐配置的 PC 易出现死机、蓝屏等现象。

② 活动区间内闲杂人员过多会影响识别，甚至信号中断。

③ 定位器需预留可挂载点或自备两个三脚架（每个高于 2m）。

④ 头戴显示器接线和连接定位器之间的电缆较长，需妥善整理，建议挂在天花板上。

⑤ Steam VR 图标没有显示绿色的原因主要有 a）手柄未打开或者没有配对。b）激光定位器频道调节错误（有线连接方式频道为 a 和 b，无线连接方式频道为 b 和 c）。c）串流盒的 PC 端以及 VR 端连接错误。

图 7-35　设置完成

7.2　混合现实、模拟驾驶与跑步机项目实训

混合现实、模拟驾驶与跑步机实训需要虚拟驾驶一台、跑步机一台以及混合现实相关设备。虚拟驾驶主要是通过虚拟现实技术实时生成真实场景，实现720°视角驾驶；动力学仿真物理系统可模拟真实路况，实现六自由度实时动感，让体验者身临其境；可对启动、刹车、场景选择实现智能控制。

7.2.1　混合现实项目简介及操作流程

一、MR 简介

扫码观看视频

混合现实是虚拟现实技术的进一步发展，该技术通过在虚拟环境中引入现实场景信息，在虚拟世界、现实世界和用户之间搭起一个交互反馈的信息回路，以增强用户体验的真实感。

混合现实系统有三个主要特点：①它结合了虚拟和现实。②在虚拟的三维（3D）。③实时运行。它试图把 VR 和 AR 的优点集于一身。从理论上讲，混合现实可让用户看到现实世界（类似 AR），但同时又能呈现出可信的虚拟物体（类似 VR）。随后，它会把虚拟物体固定在真实空间中，从而给人以真实感。

1. 专业引擎

Unity 3D 是由 Unity Technologies 开发的一个让玩家轻松创建诸如三维视频游戏、建筑可视化、实时三维动画等类型互动内容的多平台的综合型游戏开发工具，是一个全面整合的专业游戏引擎。Unity 类似于 Director、Blender Game Engine、Virtools 或 Torque Game Builder 等利用交互的图形化开发环境为首要方式的软件。其编辑器运行在 Windows 和 Mac OS X 下，可发布游戏至 Windows、Mac、Wii、iPhone、WebGL（需要 HTML5）、Windows phone 8 和 Android 平台。也可以利用 Unity Web Player 插件发布网页游戏，支持 Mac 和 Windows 的网页浏览。

2. 硬件设备

硬件设备主要有以下几种，如图 7-36 所示。

1）绿幕环境。
2）追踪设备：第三人称视角定位器。
3）虚拟现实头盔：HTC VIVE。
4）交互设备：HTC 手柄。
5）高端计算机主机：CPUi7 6700 显示器分辨率 1080p 硬盘容量大小 240GB。
6）4K 显示屏：28in 显示器。
7）展示屏：55in 显示屏。
8）单反支架：三角支架。
9）单反手柄连接器。
10）摄像：佳能 70D。

图 7-36　硬件设备

3．应用范围

（1）教育领域

利用混合现实技术，学生足不出户便可以做各种实验，获得与真实实验室一样的体会，如图 7-37 所示。

图 7-37　教育领域应用

（2）电影领域

特效制作，如图 7-38 所示。利用混合现实技术，用户可模拟电影场景的搭建，节约大部分电影制作的费用。

图 7-38　混合现实场景

二、混合现实 MR 项目操作流程

1）三手柄模式（除原装配备的两只手柄以外，额外需要一只手柄）。启用第三只手柄：除去游戏中使用的两只手柄外，将第三只手柄插上 USB 线连接到计算机，注意这里需要一个较长的 USB 线，方便移动。将手柄与头盔配对，这时 Steam VR 上会识别出第三只手柄。打开游戏，系统就可以进入 MR 拍摄模式了。

2）打开计算机，运行 Steam 程序，进入 VR 设置，保证头盔、手柄及光塔全部显示绿色图标，如图 7-39 所示。

3）进行房间设置，按照设置要求进行后续操作。

4）打开摄像机，将清晰度调至最清楚，利用 HDMI 线连接摄像机与计算机。

5）启动游戏后游戏画面会变成 4 分屏，如图 7-40 所示。左上 Foreground：游戏视频的前景；右上 Foreground alpha：前景的 alpha；左下 Background：游戏视频的背景，也就是合成时游戏背景；右下 Gameview：正常游戏画面。

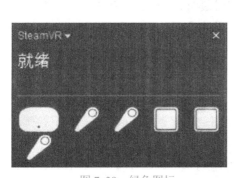

图 7-39 绿色图标

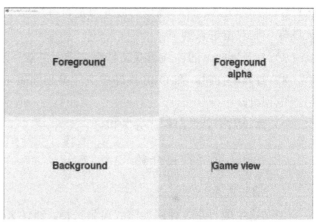

图 7-40 四分屏

如图 7-41 所示，一个混合现实视频需要 3 个图层，花、人物、山和太阳。花，也就是前景，即为 Foreground（四分屏中的左上部分）。人物，也就是用照相机或者摄像机拍摄的视频流，抠去绿幕背景所剩下的人物影像。山和太阳，也就是背景，即为 Background（四分屏中的左下部分）。利用视频软件 OBS（或其他）将 3 个视频流重叠在一起，即可制作成混合现实视频 MR，如图 7-42 所示。

图 7-41 三图层

图 7-42　MR 制作

6）打开 OBS，查看视频捕捉窗口是否有图像，若有图像则可直接进行下一步操作；若无图像，则双击进入调节。

7）打开桌面上的体验游戏文件夹，进入游戏后连接摄像机上的第三个手柄。

8）打开电视机，在 OBS 程序中有完整画面展示，单击右键选择投影显示 1，将画面投射至电视机。

9）体验完毕后退出程序并关机。

三、混合现实项目介绍

1．消防逃生项目

消防逃生项目有 6 种逃生模式可供选择：地铁火场体验、家庭火场体验、校园火场体验、办公室火场体验、商场火场体验、校园地震体验，消防逃生系统如图 7-43 所示，消防逃生界面如图 7-44 所示。

图 7-43　消防系统　　　　　　　　　图 7-44　消防逃生界面

商场消防界面如图 7-45 所示。

图 7-45　商场消防

家庭消防如图 7-46 所示。

图 7-46　家庭消防

地震体验如图 7-47 所示。

图 7-47　地震体验

地铁消防如图 7-48 所示。

图 7-48　地铁消防

2．物流实训系统

物流实训系统包含仓库 1、仓库 2 和自动三种模式，如图 7-49 和图 7-50 所示。主界面包含了各个仓库和物流流程的简单介绍。仓库 1 和仓库 2 可以通过手柄操作的方式操作叉车运送物品，然后实现自动化分拣。

图 7-49　物流实训系统主界面

图 7-50 物流实训系统界面

3．变电站实训系统

变电站实训系统具有以下功能：①实现基于 VR 技术的可变实景、巡检及测试。现有变电站巡检培训采用传统课堂授课、视频讲解的形式，考试方式也基本采用纸质考核，难以达到培训效果。基于 VR 技术的变电站巡检培训以及测试系统，采用先进虚拟现实技术，基于 VR 本身高感知度、沉浸感以及交互性构建变电站虚拟现实场景，进行虚拟培训，并对操作进行考核，提高培训效率。此外，利用 VR 技术构建变电站元器件三维模型库，操作人员调取设备模型进行设计、修改，以满足不同变电站设备不一样的难题，提高变电站场景搭建速度，也便于推广应用到全国范围的变电站。②实现基于 AR 技术的设备认知。通过采用 AR 技术对变电站设备进行建模交互设计，利用 AR 眼镜虚拟呈现设备属性、功能、检修方式等信息。改变传统纸质资料形式，在实物中虚拟呈现设备信息，达到快速识别、记忆设备功能信息等目的。③实现大数据考试人员测评分析。对操作人员考试过程进行全程跟踪，利用所收集的数据进行行为分析，也输出报告，对操作人员优、劣势进行评价分析，以便实现有针对性的实践培训与合理的人才安排。变电站系统界面如图 7-51 和图 7-52 所示。

图 7-51 变电站操作主界面

图 7-52 变电站操作演示

7.2.2 虚拟驾驶项目简介及操作流程

一、虚拟驾驶项目简介

"虚拟驾驶"是利用三维图像即时生成技术、动力学仿真物理系统、用户输入硬件系统、中控系统等，让体验者在一个虚拟的驾驶环境中感受到接近真实效果的视觉、听觉和体感的驾驶体验，如图 7-53 所示。

图 7-53 虚拟驾驶

1. 硬件设备

Oculus Rift CV1：1200 像素 ×1080 像素屏幕，每秒 90 帧的超快刷新率，能够带来从所有角度充盈整个视野的逼真图像，消除了早期 VR 技术常见的抖动，仿佛将用户带到了另一个世界。

Logitech：双马达力反馈技术，安静的无齿隙螺旋齿轮，包含转速 / 换挡 LED 指示灯的方向盘控制键。

Mad Catz X52：360°无死角设计，X、Y、Z三轴合一，自带脚舵功能。采用霍尔磁感应技术，更耐磨，更准确，使操作更舒适，游戏尽在掌控。

赛车座椅：根据人体力学设计，皮质做工，使玩家舒适感、真实体感更加强烈。独有的安全带解除制动功能，使玩家上下玩时更安全。

伺服电机：专业定制的电机，最大程度上降低了设备上的摩擦声，使玩家更舒适地沉浸在游戏世界。

2. 应用范围

1）驾校学员训练与教学，学员可以提前通过虚拟驾驶器进行模拟驾驶，减少危险和驾驶证学习成本，为顺利通过考试打下基础，如图7-54所示。

图7-54 模拟驾驶

2）院校科研单位交通运输、空乘等相关专业科研与仿真体验，通过虚拟驾驶模拟相关实验和在虚拟场景中提高学生的综合素质，如图7-55所示。

图7-55 模拟飞行

二、虚拟驾驶项目操作规程

1. 控制软件的使用

1）打开蓝色总开关，然后打开计算机和电视。

2）在桌面上找到并打开控制软件，如图 7-56 所示。

图 7-56　图标

3）单击"平台复位"按钮，整个平台完成初始化动作，如图 7-57 所示。

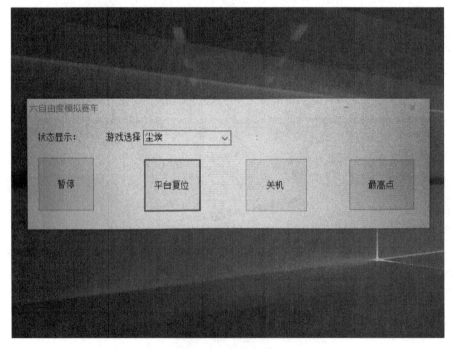

图 7-57　控制软件

4）设置游戏的时间设定、电缸的行程设定，同时选择游戏（Dirt4 为赛车游戏，DCS 为飞行游戏）。所有的设置完成以后，单击"开始"按钮，最小化控制软件，准备游戏，如图 7-58 所示。

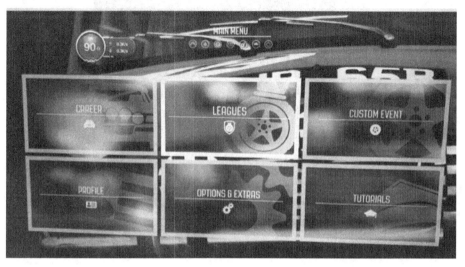

图 7-58　赛车菜单界面

2. 头盔的位置矫正

1）每次开机后都要对头盔进行位置矫正。在游戏过程中，如果发现位置不对，那么也要对头盔进行位置矫正。

2）位置矫正需要遥控器与头盔配合。遥控器主要功能按钮如图 7-59 所示。

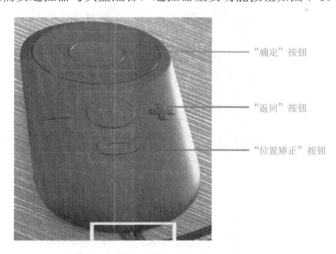

"确定"按钮

"返回"按钮

"位置矫正"按钮

图 7-59　主要功能按钮

3）带上头盔，按一次遥控器的位置矫正按钮，头盔会出现一个界面，在右边有一个向上斜的箭头，转动头盔，用光标选中，并单击一次遥控器的"确定"按钮，将头摆放到正确的位置；再单击一次遥控器的"确定"按钮，这个时候，游戏的画面会出现在正前方，完成位置矫正；最后进行体验，如图 7-60 所示。

图 7-60　虚拟驾驶项目教学实训

7.2.3　跑步机项目简介及操作流程

一、跑步机项目简介

　　Omni 跑步机在 Unity 3D 专业引擎开发平台上采用 AR 技术设计，将人的方位、速率和里程数据全部记录下来并传输到系统中，在虚拟世界中做出对现实反应的真实模拟。结合可选的 VR 眼镜（HTC VIVE）或微软的 Kinect 配件，体验者能够在现实中 360°地控制行走和运动方向，如图 7-61 所示。

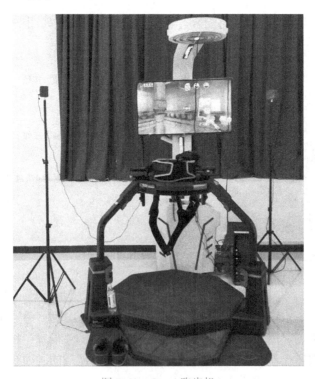

图 7-61　Omni 跑步机

Omni 可以作为虚拟现实中的方向导航设备，可以识别行走、奔跑、倒退、坐等姿势并且跟踪体验者的行驶距离和卡路里消耗。水平方向的运动输入模式与键盘或手柄的模拟输入模式一样。同时支持几乎所有虚拟现实内容，通过蓝牙来连接移动设备或无线传输到计算机。

1．硬件设备

1）Virtuix Omni。

2）追踪设备：第三人称视角定位器。

3）虚拟现实头盔：HTC VIVE。

4）交互设备：HTC 手柄。

5）高端计算机主机：i7 6700 1080 240GB。

6）4K 显示屏：28in 显示器。

7）展示屏：55in 显示屏。

2．应用范围

（1）军事领域

通过跑步机系统可以让体验者通过脚步来控制角色的移动，真实地模拟军事行动，让体验者在虚拟军事场景中提高个人综合素质，如图 7-62 所示。

图 7-62　军事领域

（2）消防领域

通过虚拟现实演练矿井救援，可以让体验者通过不同位置的走动，真实地模拟框架实际的虚拟场景，提高消防人员的矿井救援应变能力，减少危险和成本，如图 7-63 所示。

图 7-63　消防领域

二、跑步机项目操作流程

Virtuix Omni 操作步骤

1．检查各连接是否连接正常

1）开启主机与各设备的电源，包括 Omni 跑步机、鞋、HTC VIVE 头戴式头盔，手柄、定位器计算机以及 Smart VR 软件，确认各配件是否运行正常，如图 7-64 ～图 7-67 所示。

图 7-64　Omni 鞋

图 7-65　Omni 追踪器

图 7-66　Omni 活动腰环

图 7-67　VIVE 头盔

2）连接网络。

3）打开 Omni connect，检查跑步机和鞋是否连接，如图 7-68 所示。

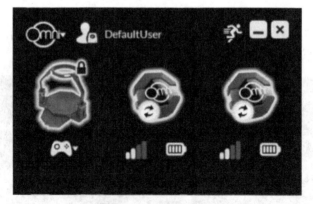

图 7-68　Omni connect

4）运行 Omniverse。

2．设备穿戴步骤

1）穿戴 Omni 鞋。

2）穿戴头戴设备。

3）上跑步机时注意方向，系上各保险带。

4）关闭操作区域并上锁。

5）校准，校准完成即可体验。

6）按 <Ctrl+Shift+Alt+L> 组合键打开控制台，如图 7-69 所示，可最小化或者关闭程序。

控制台

平台 操作 视图

| 到VR准备大厅 | 关闭程序 | 关闭计算机 | 校准 Omni 跑步机 (须在跑步机上操作) |

图 7-69　Omniverse 控制台

7.3　步行 VR 项目实训

步行 VR 项目实训需要虚拟骑行设备两套、步行 VR 设备一套。

7.3.1　步行 VR 项目简介及操作流程

一、步行 VR 项目介绍

"步行 VR"采用强大、创新的虚拟现实开发平台 Vizard，快速创建广泛的沉浸式 3D 体验，是专业虚拟现实引擎开发平台。"步行 VR"是一个完整的硬件和软件解决方案，具有创建和体验交互式广域步行虚拟现实应用程序所需的一切。VizMove 适合非常广泛的应用，包括设计可视化、建筑展示、工业培训和行为研究。用户将沉浸在宽阔的步行环境中，行动完全自由；通过虚拟世界大规模移动，以高精度跟踪头部和手部；通过位置跟踪无线控制器进行直观的交互和导航。

1．硬件设备

1）系统组件 Lenovo ThinkStation：由 WorldViz 认证，用于最佳性能和渲染 VR 应用程序。

2）Vizard：构建完整的交互式 VR 应用程序所需的一切。

3）VR 耳机：系统包括一个最先进的 VR 耳机。VizConnect 允许输出到所有标准 VR 硬件。

4）PPT 运动跟踪系统：高精度运动跟踪。 传感器广域步行系统包括对头部和手的跟踪。

5）3D 显示器，如图 7-70 所示。

6）键盘、鼠标和电缆：包括所有必要的配件。

图 7-70　显示器

2．应用范围

（1）建筑、室内设计领域

虚拟现实技术是集影视广告、动画、多媒体、网络科技于一身的最新型的房地产营销方式，可以让人在虚拟的场景中真实地体验房间结构和布置等，如图 7-71 所示。

图 7-71　建筑、室内设计领域

通过计算机网络来整合大范围内的文物资源，实现资源共享，真正成为全人类可以"拥有"的文化遗产，在虚拟场景中真实地体验文物，如图 7-72 所示。

图 7-72　文化遗产

（2）培训领域

虚拟现实技术在培训领域的应用非常广泛，体验实时的物理反馈，进行多种实验操作，培训各种操作技巧，如图 7-73 所示。

图 7-73　培训领域

二、步行 VR 项目操作流程

1．操作步骤

（1）开机流程

1）打开电源，长按 obs 最右边的按钮，听到滴的一声打开计算机。

2）PPT Studio 和 Demo 图标如图 7-74 所示。双击 PPT Studio 图标，等待一会儿，直至 PPT Studio 界面在桌面打开显示正常，如图 7-75 所示，再最小化（界面中摄像头区域显示黑色为正常；若为白色则在摄像头白色区域双击后激活；若为红色则在左边菜单栏中勾选"PPT-N"选项）。

图 7-74　图标

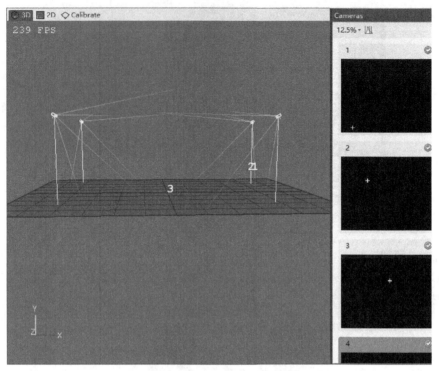

图 7-75　PPT Studio

3）单击"Demo Launcher"按钮，如图 7-76 所示。

图 7-76　Demo

（2）头盔校正

由工作人员协助体验者正确佩戴头盔后，引导体验者做如下校正：

1）首先看到灰色的虚拟空间，阅读警告内容。

2）视线聚焦在警告内容下方的矩形方框小字中（有个小白点在方框内），停顿几秒，待该矩形区域颜色完全变深后，进入蓝绿色的虚拟空间。

3）打开手柄和追踪眼镜（上下各有一个开关），用手柄扳机选择游戏；单击手柄上方的"W"按钮返回主菜单，屏幕上有一个类似于房间的图标是主菜单，手柄圆键可控制上、下、左、右；按扳机可以拿东西，如图7-77所示。

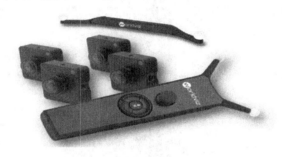

图7-77　手柄和追踪眼镜

（3）关机流程

1）分别关闭Demo Launcher和PPT Studio两个软件。

2）关闭手柄电源。

3）调整头盔的连线，将其恢复到原状态，防止连线长期弯曲导致折断。

4）头盔镜头用镜布擦干净后放置在地面的柔性收纳盒里。

7.3.2　虚拟骑行项目简介及操作流程

一、虚拟骑行项目简介

虚拟骑行设备利用三维图像即时生成技术、动感模仿物理系统、用户输入硬件系统等，可以在长江三桥、公路等骑行。让体验者在一个虚拟的骑行环境中感受到真实的视觉、听觉和体感的骑行体验。观众也可以观看到体验者的真实骑行与虚拟环境叠加的震撼效果。

1.硬件设备

1）V2动感骑行自行车。

2）绿幕环境。

3）追踪设备：第三人称视角定位器。

4）虚拟现实头盔：HTC VIVE。

5）交互设备：HTC手柄。

6）高端计算机主机：CPUi7 6700 显示器分辨率1080p 硬盘容量大小240GB。

7）4K显示屏：28in显示器。

8）展示屏：55in显示屏。

9）单反支架：三角支架。

10）单反手柄连接器。

11）摄像头：高清罗技摄像头。

2. 应用范围

1）通过虚拟骑行设备可以展示旅游景点、虚拟桥梁等，如图 7-78 所示。

图 7-78　渝洽会"虚拟三桥"展示

2）通过虚拟骑行设备可以在体验真实场景的同时达到锻炼身体的目的，如图 7-79 所示。

图 7-79　虚拟骑行

二、虚拟骑行项目操作流程

1．操作步骤

（1）开机流程

1）打开主机电源，打开计算机和电视机。

2）依次双击桌面上的三个图标，如图 7-80 所示。出现如图 7-81 所示的界面，自行车界面如图 7-82 所示。

图 7-80　三个图标

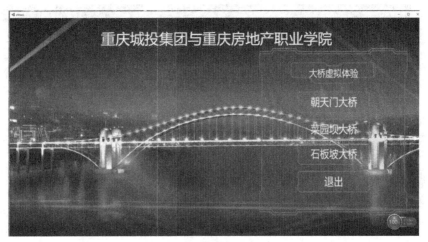

图 7-81　虚拟骑行界面

图 7-82　自行车界面

3）有 5 个选项，分别是"大桥虚拟体验""朝天门大桥""菜园坝大桥""石板坡大桥"和"退出"，选择"朝天门大桥"→"骑行"命令，如图 7-83 和图 7-84 所示。

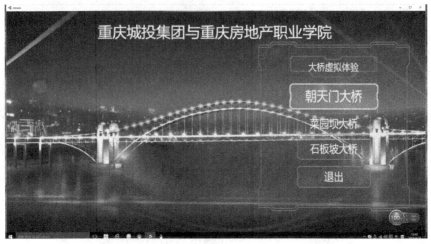

图 7-83　选择"朝天门大桥"

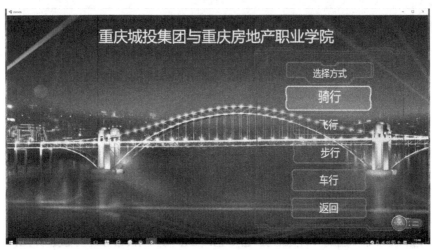

图 7-84　选择"骑行"

4）按照前面所讲的混合现实视频操作流程进行操作，分别添加窗口捕获 1、视频捕获和窗口捕获 2 三个窗口，并进行相应的设置。单击鼠标右键，在弹出的快捷菜单中选择"全屏投影仪（预览）"→"全屏显示 1"命令，如图 7-85 和图 7-86 所示。

图 7-85　obs 窗口

图 7-86 全屏投影仪

（2）调节自行车

由工作人员协助体验者正确佩戴头盔后引导体验者进行体验。

7.4 多人互动与全息项目实训

多人互动与全息实训需要多人互动设备一套、360°全息设备一套。360°全息设备可以将"影视后期编辑""3ds Max 建模""3D 动画制作"等几门课程结合起来，让学生最终的作品在 360°全息设备上进行全方位展示。

7.4.1 多人追踪 VR 项目简介及操作流程

一、多人追踪 VR 项目简介

多人追踪 VR 设备采用 STEPVR 引擎开发。该设备集成了大范围高精空间定位技术、全方位动作捕捉技术、精准手势识别技术于一身，能够 1:1 真实还原体验者在空间内的位置和姿态，可在场景内自由走动并与之交互，让体验者感受沉浸式的细腻现实体验，可倍数扩展至任意大范围，无需装配任何复杂设备，轻松无线可穿戴装备，可自由行走全沉浸式、超真实体验，体验者可以在虚拟场景内完成跑、跳、躲闪、射击等一系列动作，并且支持多人交互体验，自由移动等核心技术的相关研发。

1. 硬件设备

该设备由头部显示器、背包式无线处理器、全身动作捕捉传感器、手部识别传感器和空间定位设备组成，可以实现体验者在虚拟空间中的自由行走和动作交互，如图 7-87 所示。它由如下单元组成：

1）标准定位及动作捕捉单元。

2）空间定位激光发射单元。

3）虚拟现实计算设备：中央计算处理单元。

图 7-87　STEPVR

2.应用范围

（1）建筑领域

通过多人追踪体验建筑虚拟真实感，可以以 1:1 的真实比例自由地在房间行走，可以多人实时感受真实房间的结构和布置，如图 7-88 所示。

图 7-88　建筑领域

（2）实验经济学

通过多人追踪（见图7-89），研究不同人在同一场景的行为，进而了解人的行为和心理，为研究人的行为和心理提供真实的虚拟场景，既节约又高效。

图7-89 实验经济学

二、多人追踪VR项目操作流程

开始前准备

1）开机前将OC头显接入主机，一头为USB接口一头为HDMI接口，并检查对应的主机编号，如973主机对应973头显及对应标准件。HDMI接口接入显示器，USB接口接入键盘鼠标，如图7-90所示。

2）开机，将头显上的定位件开启，连接成功后蓝灯闪烁，打开手柄并观察是否蓝灯闪烁，如图7-91所示。

图7-90 STEPVR

图7-91 头盔

3）头显开机后画面为白色是正常情况，左右观察至出现数行英文字母，将头显中出现的焦点对准最后一行并注视，进度条为100%之后方可开启场景。

场景一：绘画。

Head&Hand 显示头和手柄。

两个手柄在星空场景下，在3D空间画图。

操作：按键盘上的 <R> 键校正方向。按手柄上的 <A> 键全部清除，按 <B> 键清除上一笔，按住 <C> 键作画。

场景二：VR看房。

操作：按 <R> 键校正方向，左手柄顶端的蓝色金字塔用来瞬移，手柄上的黄色圆球用来进行拾取操作，房间里所有黄色圆圈的地方都可以交互。

7.4.2 360°全息项目简介及操作流程

一、360°全息项目简介

360°全息设备是利用干涉和衍射原理设计的，它可以记录并再现物体真实的三维图像。该技术可以使立体影像不借助任何屏幕或介质而直接悬浮在设备外的自由空间，并且360°任意角度看都是三维影像。这种展示手段打破了常规的实物展示手段，立体影像的清晰度及色彩还原度高，立体感强，因此非常逼真，可以给观众以新奇、玄妙的视觉冲击，激发观众的探究欲，并可以起到聚集现场人气、加深参观者印象、提高被展示物知名度的作用。

1．硬件设备

1）三维图像显示及控制系统。

2）360°全息专用投影设备。

3）360°全息影像用高背投幕。

4）图像反射系统及显示系统。

5）高性能图形计算机。

2．适用范围

（1）房地产

开发销售公司可以利用虚拟全景浏览技术展示楼盘的外观（见图7-92）、房屋的结构、布局和室内设计，购房者在家中通过网络即可仔细查看房屋的各个方面，增加潜在客户群。

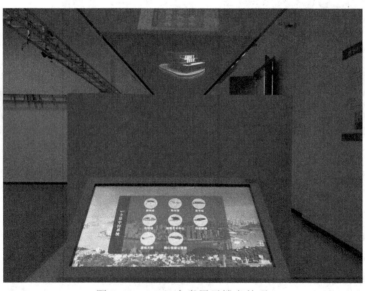

图7-92　360°全息展示楼盘外观

（2）展览

360°全息设备外观灵活多样，可以根据展场风格、空间、色调、光线等因素灵活设计。适合表现细节或内部结构较丰富的物品，如名表、化妆品、建筑物、人物等，给观众仿佛在空气中确有其物的感觉。

二、360°全息项目的操作流程

1）开机。通电后按下电源开关，指示灯亮，再按旁边绿色的开机按钮，如图7-93所示。

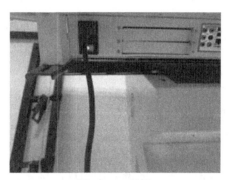

图7-93 开机

2）通过触摸一体机上的界面来控制全息玻璃里的图像，如图7-94所示。

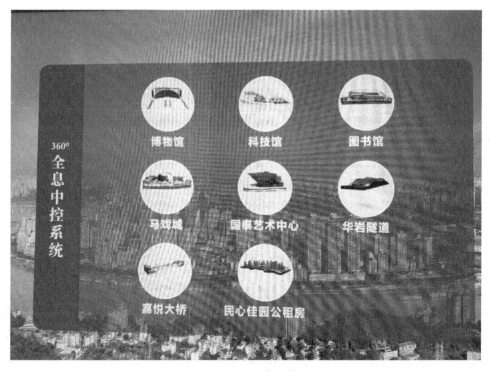

图7-94 360°全息界面

3）关机，左上角处有一个箭头，拉一下可以让键盘出来，按键盘中的关机键就可以关机。

7.5　三维扫描与无人机项目实训

三维扫描与无人机实训需要三维扫描仪一套、无人机、眼动仪、意念控制小车、全景直播机等设备。

7.5.1　三维扫描仪项目简介

三维扫描仪的用途是创建物体几何表面的点云（Point Cloud），这些点可用来插补成物体的表面形状，越密集的点云可以创建越精确的模型。若扫描仪能够取得表面颜色，则可以进一步在重建的表面上粘贴，亦即所谓的纹理映射。

三维扫描仪可模拟为照相机，它们的视线范围都体现圆锥状，信息的搜集皆限定在一定的范围内。两者的不同之处在于照相机所抓取的是颜色信息，而三维扫描仪测量的是距离。由于测得的结果含有深度信息，因此常称之三维照相机。

由于三维扫描仪的扫描范围有限，因此常需要变换扫描仪与物体的相对位置或将物体放置于电动转盘（Turnable Table）上，经过多次扫描以拼凑物体的完整模型。将多个片面模型集成的技术称为图像注册（Image Registration）或对齐（Alignment），其中涉及多种三维比对（3D-Matching）方法。

三维扫描仪的应用范围如下：

1）三维彩色数字摄影、三维型面检测。

2）人体数字化、服装 CAD、人体建模、人体数字雕塑、三维面容识别。

3）医学仿生、医学测量与模拟、整形美容及正畸的模拟与评价。

4）三维彩色数字化、数字博物馆、有形文物及档案的管理、鉴定与复制。

5）三维动画影片的制作、三维游戏建模、三维游戏中三维模型的输入与建立。

6）公安刑侦、脚印、工具痕迹、弹痕采集及数字化。

7）工业产品的检测与测量、产品及模具的逆向工程（汽车、航空、家电工业）。

8）零部件形状变形检测、形状测量、研究测量、工业在线检测。

9）工业产品造型中的逆向三维重构。

10）设计的物理模型转换成数字模型。

11）工业品的解析与仿制。

12）工业研究实验的检测工具。

13）模具设计与检测领域。

某 VR 工程中心已经成功利用三维扫描技术（见图 7-95）对重庆三峡博物馆等代表性建筑进行了全面测绘，制成高精度、真三维的数字高程模型以及高分辨率、大比例尺的数字正射影像，制作出重庆三峡博物馆等代表性建筑的真实三维数字模型效果，真实地展现了建筑的现状，可以基于这一真实三维模型成果进行长、宽、高以及面积、体积的快速精确测量。人们能够获得比一般二维图片更为直观的感受，并且由于是真实的三维复制，有利于日后的修复。

图 7-95　三维扫描仪

7.5.2　无人机项目简介

1. 无人机的概念

无人机（Unmanned Aerial Vehicle）就是利用无线遥控或程序控制来执行特定航空任务的飞行器，指不搭载操作人员的一种空中动力飞行器，采用空气动力为飞行器提供所需的升力，能够自动飞行或远程引导；既能一次性使用也能进行回收；能够携带多种有效负载。

2. 无人机的飞行控制

遥控即对被控对象继续远距离控制，主要采用无线电遥控。

遥控信号：遥控站通过发射机向无人机发送无线电波，传递指令，无人机上的接收机接收并译出指令的内容，通过自动驾驶仪按指令操纵舵面或通过其他接口操纵机上的任务载荷。遥控站设有搜索和跟踪雷达，他们测量无人机在任意时刻相对地面的方位角、俯仰角、距离和高度等参数，并把这些参数输入计算机，计算后就能绘出无人机的实际航迹，与预定航线比较就能求出偏差，然后发送指令进行修正。

此外，无人机还装备有无线电应答器，也叫信标机。它能在收到雷达的询问信号后发回一个信号给雷达。由于信标机发射的信号比无人机发射的雷达信号要强得多，起到增加跟踪雷达探测距离的作用。

下传信号：遥控指令只包含航迹修正信号显然是不够的，在飞行中无人机会受到各种因素的影响，无人机的飞行姿态也在不断变化，所以指令还需要包括对飞行姿态的修正内容。

无人机上的传感器一直在收集自身的姿态信息，这些信息通过下传信号送到遥测终端，遥测终端分析这些信息后就能给出飞行姿态的遥控修正指令。

遥控飞行的利弊：

利：有利于简化无人机的设计，降低制造成本，提高战术使用的灵活性。弊：受无线电作用距离的限制，限制通信距离通常只可达到 320 ～ 480km；容易受到电子干扰。

某 VR 中心现有一架昊翔 480 无人机，一架大疆精灵 4 无人机，一架大型大疆 M600

Pro，如图 7-96 所示，在招生宣传视频拍摄、网络电视拍摄、住建部特色小镇拍摄、重庆巫溪扶贫等工作中发挥了关键作用，取得了良好效果。虚拟现实头套和无人机配对，让用户即时看到空中无人机的视角风景，又开启了和虚拟现实结合之路，允许无人机的控制者通过无人机的视角观看飞行位置的任何方向。通过虚拟现实技术，将大大提高无人机的操作简易度，更方便根据高空情况完美地操控无人机的飞行状态，同时让高空全景拍摄也变得格外简单。另外，消防部门可以使用虚拟现实无人机监控一座大型建筑的火情或者对灾区进行搜索救援；摄影师可以通过无人机在大峡谷日落时捕捉完美的杂志封面拍摄；无人机比赛爱好者犹如亲自坐在驾驶座上进行比赛；炼油厂检查员不离开他们的办公桌就可以去检查油塔的每一个角落和缝隙。

图 7-96　大疆无人机

7.5.3　眼动仪项目简介

　　眼动仪利用固定眼动控制系统，采用全方位的注视精确度和准确度衡量标准，提供最大化的灵活性、便捷性、高精度的数据和非常稳定的追踪能力，可以实时准确地测量人们在观看视觉信息时眼睛的注视时间及注视路径，并统计指定兴趣区域的注视时间、注视次数、首次进入时间等数据然后进行分析，其结果在广告测试、包装测试、界面设计、视觉传达、心理学、医学等多个领域得到了广泛的应用。

扫码观看视频

　　1．主要参数

　　1）眼动仪采用高分辨率光学成像装置，结合高精度眼动追踪算法，在高达 100HZ 的测试速率下仍能保持很小的误差范围。

　　2）生成热点圈、注视轨迹图等可视化结果，也可将数据导出为电子表格，利用 SPSS 等软件进行深入分析。

　　3）直观显示用户注视顺序、注视区域以及注视时间长度。

　　4）无论年龄、性别、是否配戴眼镜都可进行眼动测试。测试准备工作在 1min 内即可完成，最大限度地减少复杂的操作对研究带来的影响。

2．主要功能

1）智能家居：用眼睛控制电灯、电动窗帘、电动床、电视机、空调、按铃呼叫等。

2）阅读：选择要看的电子书，并可用眼睛控制翻页。

3）音乐欣赏：可以用眼睛选择要听的音乐，并控制开始、暂停、停止、退出。

4）播出视频及上网：可用眼睛打开链接、浏览网页、观看视频等。

5）计算机操作：用眼睛代替鼠标和键盘，完成计算机操作。

眼动技术就是通过对眼动轨迹的记录从中提取诸如注视点、注视时间和次数、眼跳距离、瞳孔大小等数据，从而研究个体的内在认知过程。

现代眼动仪一般包括四个系统，即光学系统、瞳孔中心坐标提取系统、视景与瞳孔坐标叠加系统和图像与数据的记录分析系统。眼动有三种基本方式：注视（Fixation）、眼跳（Saccades）和追随运动（Pursuit Movement）。眼动可以反映视觉信息的选择模式，对于揭示认知加工的心理机制具有重要意义。眼动的时空特征是视觉信息提取过程中的生理和行为表现，它与人的心理活动有着直接或间接的关系，这也是许多心理学家致力于眼动研究的原因所在。

某工程中心自主研发的眼动跟踪系统，如图 7-97 所示。通过追踪眼球的运动轨迹，分析人类行为特征、爱好等，以帮助完善虚拟现实场景设计。技术成果已经广泛应用到虚拟现实研发企业，帮助企业人员对其设计的虚拟现实模型、交互情景进行测试与完善。

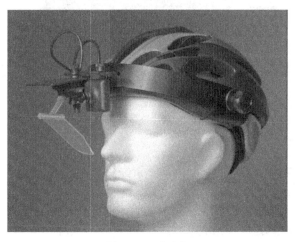

图 7-97　眼动仪

7.5.4　全景直播机项目简介

F4 得图全景直播一体机是一款实时全景直播设备，拥有快速处理器和直播推流软件，即可快速拍摄高、中、低三档曝光照片并拼接出明暗层次丰富的全景照片，又可实现实时直播 VR 全景，如图 7-98 所示。

1．主要参数

拍摄视角：360°×360°

编码格式、视频格式：H.264，MOV/MP4。

录像时长、容量：3 小时，128GB，蓝牙 4.0 无线技术。

处理器：32 位 RISC CPU。

镜头：配备 4 个全玻璃鱼眼镜头，能够呈现超清晰画质，更低畸变值视角、焦距、光圈（190°、1.46mm、F/2.2）。

2．主要功能

实时全景直播，4K 出色画质，并为用户呈现细节、特写。

超小拼接缝隙，30mm 节点精确定位，结合全新光学算法、完美解决拼接错位。

4 个镜头统一曝光，只需单击拍摄按钮即可开启摄像工作、快速捕捉眼前美景。

3．自动 HDR 合成

快速拍摄高、中、低三档曝光照片并可拼接出明暗层次丰富的 HDR 全景照片，让细节表现更加完美快速，处理器和直播推流软件一体化，可视化直播，实时拼接，实时推送至云端，支持 4K 不间断视频流直播。

图 7-98　全景直播机

7.6　地面互动项目实训

7.6.1　地面互动项目简介

地面互动包括：互动鱼、互动荷花、互动水池、互动脚印等。地面互动投影系统是参与者和地面上影像的真实互动，使多名参与者融入场景中，同时参与游戏。观众的形体动作通过感应设备控制地面投影或墙面投影。地面投影系统的投影都将分为两层影像效果，第一层为处于静态时的影像效果，第二层是观众互动时的互动影像效果，静态的影像效果已经包含在系统附带的软件中，而互动时的互动影像效果可以随时把需要的广告信息及广告画面输入计算机控制系统中，每天或每小时都可以是不同的内容。

地面互动是一种全新的投影展示方式，利用高流明投影机将影像投射在普通地面上，这些影像可以是一个水面、一片落叶地、一片雪地等常见的景观，当有人从投影区域上走过时，地上的影像会根据人的位置进行一些奇妙的变幻效果，例如，水池里面会泛起一圈圈的涟漪，水里的小鱼会四散躲开,地面上的落叶像被风刮走一样四散开去,雪地上留下了人的脚印。还可以在地面上投射出一个模拟的小运动场地,可两人或者多人在场地上进行踢球对抗比赛。地面投影是 VR 技术的一种表现方式,使参观者仿佛置身于真实的环境中,有种身临其境的感受。地面投影的表现效果还可以根据最终用户的需要进行定制开发。

地面投影系统软件将提供互动感应和影像显示的实时组合,所有特殊程序都将使影像生成与互动感应同步变化。地面投影系统首次被最大程度地应用到广告文化中。与传统静态的广告媒介画面相比,地面投影系统所控制的广告效果是由与路人或观众的互动来实现的。通过投影区域的游客或行人对投影影像的触动,动作感应将即刻直接与光学同步变化,在人们不经意的动作中画面已在不停地改变,同时人们可以尝试使用不同的动作从而产生不同的画面效果,不断吸引其他旁观者参与游戏。因此,对任何穿过投影区的人们都将是一次身体和情绪的体验,使他们对广告信息产生了更强烈、更长久和更频繁的接触,更有利于提高广告信息的价值。通过自动效果系统中的广告信息,观众及路人都将成为广告信息的直接指挥者。地面互动投影系统软件将提供互动感应和影像显示的实时组合,所有特殊程序都将使影像生成与互动感应同步变化,如图 7-99 所示。

图 7-99　地面互动

7.6.2　地面互动项目操作流程

开机流程

1)开主机。

2)用对应的遥控器打开地面互动投影。

3)进行体验。

关机流程

1）用对应的遥控器关闭地面互动投影。

2）关主机。

7.7　洞穴虚拟现实系统项目实训

洞穴虚拟现实系统实训需要 3D 眼镜 16 副、洞穴系统一套。

7.7.1　洞穴虚拟现实系统项目简介

"洞穴"是全球虚拟现实顶尖公司 WorldViz 于 2016 年推出的 PPT-N 运动捕捉系统，采用 Vizard 专业虚拟现实引擎开发平台。该系统沿用最精准的光学主动追踪方式，利用三维投影仪通过正面投影或者背面投影的方式环绕在用户周围投射出三维立体影像。摄像头分辨率为 1280px×1080px，追踪精度小于 1mm，追踪频率为 240HZ，可实现真正意义上的无延迟，可实现对 50m×50m 内多用户的同时追踪。

1．硬件设备

硬件设备主要有以下几种，如图 7-100 所示。

1）主动立体投影仪（CAVE、Powerwall 系统）。

2）虚拟现实头盔（Oculus、HTC VIVE、NVIS 等）。

3）zSpace 及其交互笔。

4）所有使用 VRPN 和 TrackD 协议的追踪设备。

5）Leap motion、Xbox。

6）力反馈：Geomagic。

7）数据手套：5DT、Cyberglove。

8）数据获取设备：SMI、Biopac。

9）交互设备：Razor、罗技游戏杆、手柄、方向盘，Wii 手柄。

10）超大屏幕：16m×2.5m。

图 7-100　硬件设备

洞穴虚拟现实系统框架如图 7-101 所示。

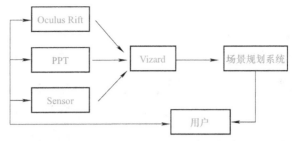

图 7-101　洞穴虚拟现实系统框架

2．应用范围

（1）教育领域

利用洞穴虚拟现实系统，学生足不出户便可以做各种实验，获得与真实实验一样的体验，如图 7-102 所示。

图 7-102　教育领域

（2）艺术领域

洞穴虚拟现实系统还可以用于艺术展览以及虚拟美术馆的场景创建与开发，让用户能够感受到足不出户的艺术熏陶，如图 7-103 所示。

图 7-103　艺术领域

（3）工业仿真

洞穴工业仿真系统不是简单的场景漫游，而是真正意义上用于指导生产的仿真系统，它结合用户业务层功能和数据库数据组建一套完全的仿真系统，如图 7-104 所示。

图 7-104　工业仿真

（4）品牌研究和市场营销

洞穴虚拟现实系统可以为消费者带来不同于以往的消费体验，用户可以在不同的媒介上 360°体验商品，可以让客户更真实地体验商品，如图 7-105 所示。

图 7-105　360°体验商品

（5）医学领域

洞穴虚拟现实系统在医学方面的应用具有十分重要的现实意义，可以通过多人互动剖析身体结构，让学生和老师更好地互动，可以减少医学损耗并提高手术的成功率，如图 7-106 所示。

（6）能源领域

洞穴虚拟现实系统可以应用于石油石化行业，实时查看石油化工管道的运行情况和模拟演练故障排除等，降低了特殊行业的不安全性，为石油化工行业工作效率的提升和可持续发展奠定了基础，如图 7-107 所示。

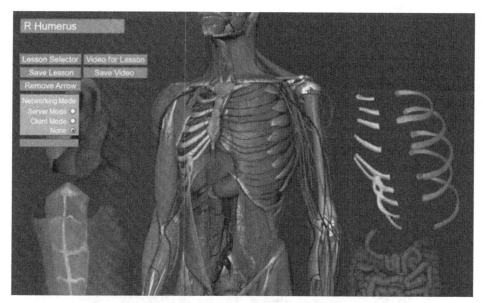

图 7-106 医学领域

图 7-107 能源领域

7.7.2 洞穴虚拟现实系统项目操作流程

1）开机流程：先开投影仪，再开其他设备，最后开计算机。

2）融合。双击"Scable Panel Aseembly"图标，单击"Management"按钮，单击"Demote Warping"按钮，再单击"Disengage"按钮，最后单击"Engage"按钮，融合完成后关闭。

3）打开"PPT Studio"，等待一会儿，直至软件界面在桌面打开显示正常，最小化，打开 Demo Launcher 软件。

4）打开手柄和追踪眼镜，用手柄扳机选择游戏；按动手柄上方的 <W> 键返回主菜单，屏幕上有一个类似房间的图标是主菜单，可以使用这些功能教学实训，如图 7-108 所示。

5）关机流程。

① 分别关闭 Demo Launcher、PPT Studio 两个软件。

② 关闭手柄电源。

③ 调整头盔的连线，将其恢复到原状态，防止连线长期弯曲导致折断。

④ 用镜布擦干净头盔镜头后放置在地面的柔性收纳盒里。

⑤ 先关计算机，再关投影仪和其他设备。

图 7-108　学生在洞穴系统教学实训

课后习题

简答题

1. 简述虚拟驾驶的操作流程。

2. 简述步行 VR 系统的操作流程。

3. 简述洞穴虚拟现实系统的操作流程。

4. 简述消防逃生系统中校园火灾小型练习的正确逃生步骤。

参 考 文 献

[1] 马永峰，薛亚婷，南宏师. 虚拟现实技术及应用 [M]. 北京：中国铁道出版社，2011.

[2] 苏凯，赵苏砚. VR 虚拟现实与 AR 增强现实的技术原理与商业应用 [M]. 北京：人民邮电出版社，2017.

[3] Tony Mullen. 增强现实：必知必会的工具与方法 [M]. 徐学磊，译. 北京：机械工业出版社，2013.